Aviation Bookstore
aviation step by step

Examen

Piloto Privado de Avión

Aviation Bookstore
aviation step by step

Edición 2

Editado y publicado por Nuria Rocio Balduzzi Raimondi
Aviation Bookstore ®

El contenido de este libro se desarrolla con fines educativos y de formación profesional. Texto original de autoría humana.

Introducción

Si estás por rendir el examen de piloto privado de avión, esta obra te resultará de mucha ayuda. Con el correr de las páginas pondremos a prueba tus conocimientos para la obtención de la primera licencia aeronáutica, tu licencia de Piloto Privado de Avión.

El formato de este libro se divide en dos secciones. La primera basada en un banco de preguntas relativas a los conocimientos teóricos mínimos que debería tener un estudiante para aprobar su examen. La segunda sección, un innovador sistema de simulación del examen práctico en vuelo con el evaluador (inspector de la autoridad aeronáutica), donde deberás seleccionar muy cuidadosamente los pasos a seguir para lograr aprobar tu examen.

Una obra sin precedentes, única en el mercado. Aprenderás todo lo necesario para lograr aprobar tu examen real y obtener tu primera licencia aeronáutica.

Capt. Facundo Conforti

Aviation Bookstore
aviation step by step

Capítulo 1

Conocimientos teóricos para PPA

Aviation Bookstore
aviation step by step

El inicio de esta guía de preguntas está basado en los conocimientos aeronáuticos básicos relativos al avión, sus diferentes maniobras básicas y un entorno aeronáutico inicial para quienes recién dan sus primeros pasos en la carrera de un piloto profesional.

01.- Los ejes de control de una aeronave son:

A. Eje Vertical. (alabeo). Eje Longitudinal (guiñada). Eje Transversal (cabeceo).
B. Eje Vertical. (guiñada). Eje Longitudinal (alabeo). Eje Transversal (cabeceo).
C. Eje Vertical. (cabeceo). Eje Longitudinal (alabeo). Eje Transversal (guiñada).

Los ejes de control de una aeronave permiten los tres movimientos principales para las maniobras de vuelo: el movimiento de guiñada, basado en el eje vertical; el movimiento de alabeo, basado en el eje longitudinal; y el movimiento cabeceo basado en el eje transversal.

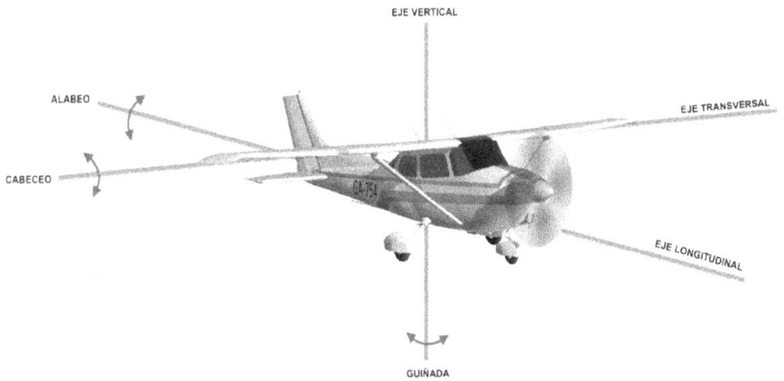

02.- Las superficies de control que trabajan sobre los ejes son:

A. Timón de Profundidad. Flap. Alerones. Timón de Dirección
B. Timón de Dirección. Flap. Alerones.
C. Timón de Profundidad. Timón de Dirección. Alerones.

¡Recuerda! Existen superficies de control denominadas primarias y secundarias. Las primarias están directamente relacionadas al trabajo de los ejes de control (Alerones, timón de dirección y profundidad). Por otra parte, las secundarias son superficies complementarias como los Flaps, Spoilers, Slats, entre otras.

03.- Superficie de control situada en la cola del avión, paralela a la posición de los alerones. Controla el movimiento de "Cabeceo".

A. Timón de Profundidad.
B. Timón de Dirección.
C. Alerones y Flaps.

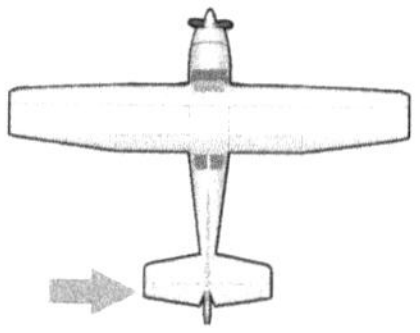

El timón de profundidad esta situado en la cola del avión, paralelo a la posición de los alerones. Esta ultima superficie de control, gobierna el movimiento realizado sobre el "eje transversal" del avión y se conoce como *"Cabeceo"*. Esta será la superficie de control principal para realizar los procedimientos de ascenso y de descenso.
Desde la cabina de mando, el timón de profundidad, es controlado con el comando de control, accionándolo hacia delante o hacia atrás, según el procedimiento que se desee realizar.

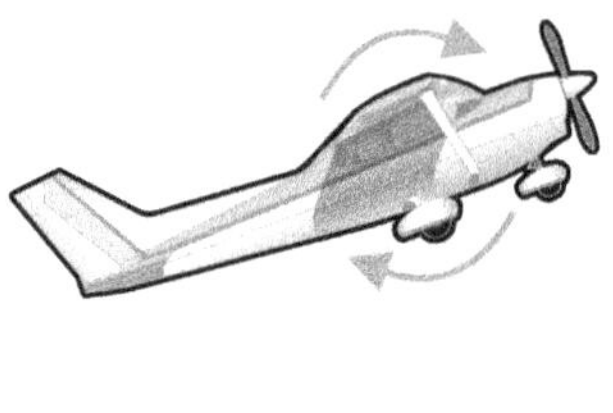

04.- La numeración de una pista está dada por números, y en algunos casos incluyen letras (L-left, C-center, R-right), e indica:

A. Su orientación con respecto al norte geográfico.
B. Su orientación con respecto al norte magnético.
C. Su orientación con respecto a otras pista y al aeropuerto.

La numeración indica la orientación magnética de la pista con respecto a los grados de la "Rosa de los Vientos". En este ejemplo la pista está orientada a los 230° magnéticos. Si fuese una pista orientada hacia el ESTE, su designación numérica seria 09, si fuese al sur seria 18 y así sucesivamente, pasando por los 360°. Nótese que siempre se usaran los dos primeros dígitos de la orientación, eliminando el ultimo numero.

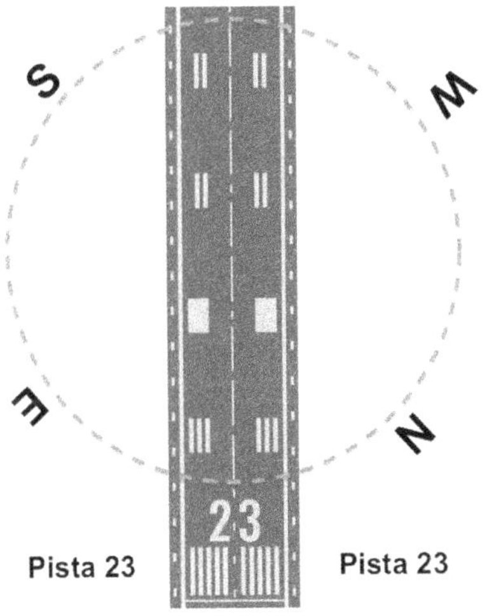

05.- Un circuito de transito está formado por:

A. Un tramo inicial, un tramo básico y un tramo final.
B. La pista, un tramo inicial, un tramo básico y un tramo final.
C. Un tramo inicial, un tramo básico, un tramo final y un escape

El circuito de tránsito comienza con un tramo inicial, a favor del viento, un tramo básico perpendicular a la dirección del viento, y un tramo final con una trayectoria en sentido opuesto a la dirección del viento.

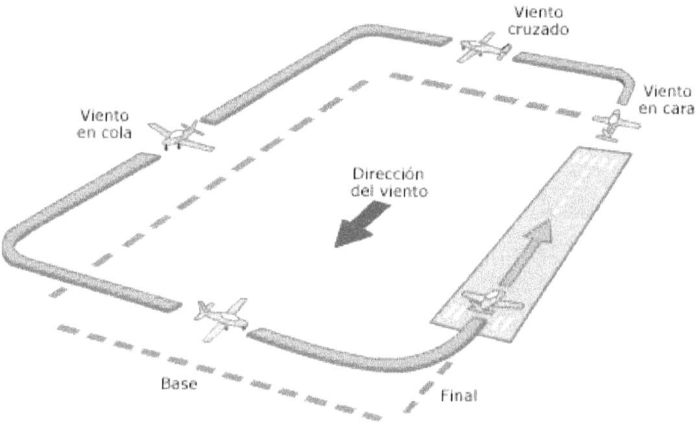

06.- Referente al circuito de transito, el piloto debe:

A. Aterrizar luego del tramo final y enfrentado al viento.
B. Aterrizar luego del final sin importar el viento.
C. Aterrizar luego del tramo final y viento de cola.

¡Recuerda! Los aterrizajes deben realizarse con una trayectoria de vuelo opuesta a la dirección del viento para favorecer al flujo de aire sobre el perfil alar.

07.- El rodaje de un avión estará comandado por:

A. Los pedales (timón de profundidad), frenos y potencia.
B. Los frenos, alerones (timón de dirección) y potencia.
C. Los pedales, la potencia y los frenos.

¡Recuerda! Durante el rodaje, el piloto controla la dirección del avión utilizando los pedales, el control de la potencia y los frenos. En caso de existir un rodaje con viento cruzado, adicionalmente podrán ser utilizados los alerones para compensar la fuerza ejercida por el viento.

08.- Un despegue está formado por:

A. La alineación en pista y la carrera de despegue.
B. La carrera de despegue, la rotación y el ascenso inicial.
C. La alineación en pista, la carrera de despegue y la rotación.

¡Recuerda! Si bien la alineación en la pista previo al despegue es un procedimiento opcional, se recomienda realizarlo para lograr un despegue ordenado en sus tres fases: carrera de despegue, rotación y el ascenso inicial.

09.- Referente a la inclinación alar de los virajes, se definen:

A. Viraje suave 15°. Viraje normal 20°. Viraje escarpado 30°.
B. Viraje suave 10°. Viraje normal 20°. Viraje escarpado 40°.
C. Viraje suave 15°. Viraje normal 30°. Viraje escarpado 45°.

La inclinación de los virajes se determinan cada 15°.

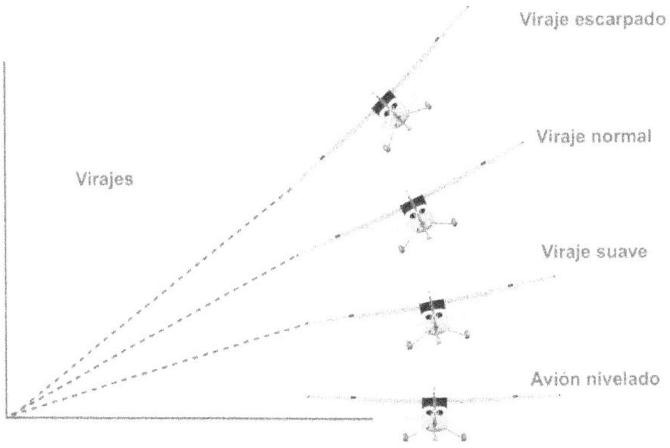

10.- La velocidad de perdida de sustentación se define como:

A. La velocidad a la cual el avión deja de sustentar.
B. La velocidad a la cual el ala deja de generar sustentación.
C. La velocidad donde el avión esta próximo a entrar en perdida.

¡Recuerda! La velocidad de pérdida es el valor en el que las alas ya no son capaces de generar sustentación debido a un excesivo ángulo de ataque.

11.- El piloto debe practicar la maniobra de aproximación a la perdida con el objeto de:

A. Identificar la velocidad a la cual el avión deja de sustentar.
B. Identificar el comportamiento anormal de la aeronave.
C. Aprender el procedimiento de recuperación de perdida.

¡Recuerda! Es muy importante que el piloto logre reconocer una situación de pérdida de sustentación, identificando el comportamiento anormal de la aeronave.

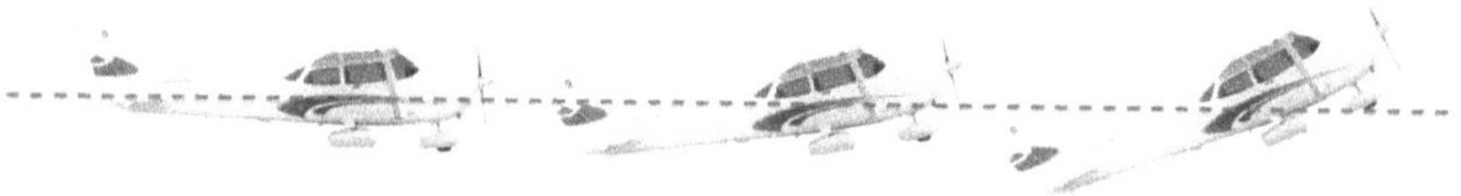

12.- La alarma sonora de "Pérdida" en un avión indica:

A. Que la aeronave esta en perdida.
B. Que la aeronave esta próxima a la perdida.
C. Que la aeronave no esta generando sustentación.

¡Recuerda! La alarma sonora de pérdida de sustentación indica que las alas están dejando de generar sustentación y alerta al piloto de que debe tomar acciones inmediatas.

13.- El primer paso en la recuperación de una pérdida es:

A. Aumentar la velocidad, incrementando la potencia.

B. Reducir el ángulo de ataque para aumentar la velocidad.

C. Reducir las resistencias para aumentar la sustentación.

¡Recuerda! La primera y mas inmediata acción por parte del piloto deber ser reducir el ángulo de ataque y aumentar la velocidad a consecuencia de esto.

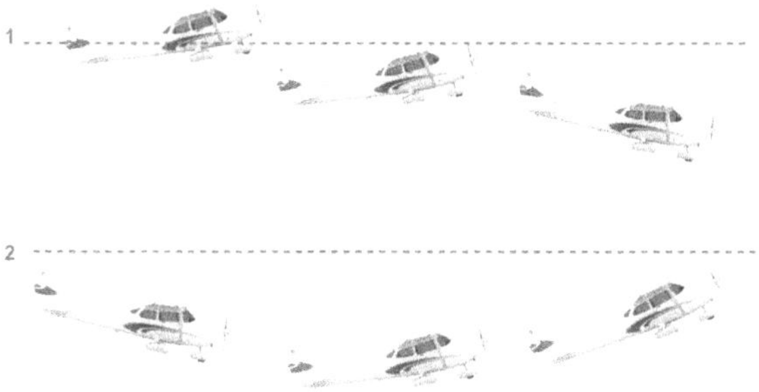

14.- Referente a la aproximación previo al aterrizaje, existen:

A. Aproximación de 90˚, 180˚ y 360˚ grados.

B. Una única aproximación final a la pista en uso.

C. Una aproximación según el patrón del circuito de transito.

¡Recuerda! La aproximación de la aeronave debe respetar el patrón del circuito de tránsito. Sobre este patron es posible realizar una aproximación de 90º, 180º y 360º.

15.- La maniobra "FLARE" se define como:

A. Un cambio del ángulo de ataque en la aproximación.
B. Un cambio en la actitud de vuelo del avión.
C. Una disminución controlada de la sustentación sobre la pista.

¡Recuerda! El Flare es una maniobra donde el piloto debe cambiar el ángulo de ataque justo antes de hacer contacto con la pista, a fin de lograr un aterrizaje suave sobre la superficie.

16.- Referente a la maniobra denominada "FLARE", se hará:

A. En el tramo final, justo antes de ingresar a la pista.
B. En el tramo final, justo por encima de la cabecera de pista.
C. Por sobre la pista, luego de haber pasado la cabecera.

¡Recuerda! Es muy importante realizar la maniobra del Flare una vez que la aeronave se encuentre sobrevolando la pista.

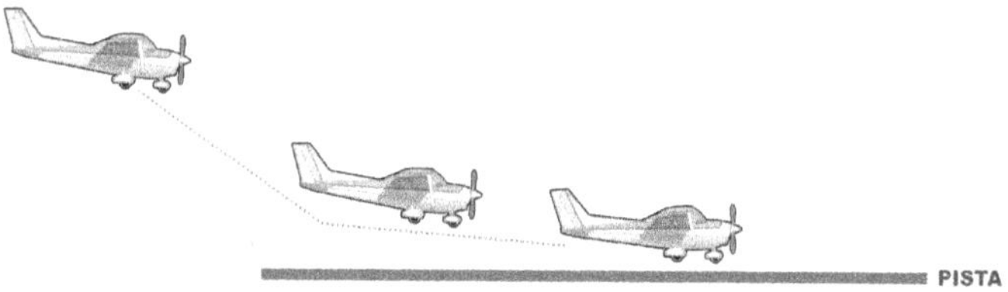

17.- Referente a la carrera de aterrizaje durante una operación con viento cruzado:

A. El piloto debe mantener el avión en el centro de pista, accionando el timón de dirección con los pedales.
B. El piloto debe mantener el avión dentro de la pista, sin importar el centro, debido al efecto del viento.
C. Ambas respuestas son correctas pero accionando sobre los alerones y su control direccional.

¡Recuerda! El piloto debe controlar la dirección del avión ejerciendo presión sobre los pedales a fin de que la carrera de aterrizaje se desarrollo siempre sobre el centro de la pista.

Aerodinámica Básica

Aerodinámica se conoce como la ciencia que estudia el comportamiento de un cuerpo inmerso en una masa de aire y en movimiento. Por tal motivo, será de suma importancia para el piloto conocer los efectos de este cuerpo o "ALA" al someterse en una corriente de aire libre.

18.- Cuando un objeto se introduce en una corriente de aire, se originan dos fuerzas aerodinámicas, son:

A. Peso y tracción.
B. Sustentación y perdida de sustentación.
C. Sustentación y resistencia.

¡Recuerda! Cuando la superficie alar ingresa a una corriente de aire se produce un valor de sustentación y otro de resistencia.

19- Una partícula de aire está dotada de dos variables, son:

A. Presión y peso.
B. Resistencia y velocidad.
C. Velocidad y presión.

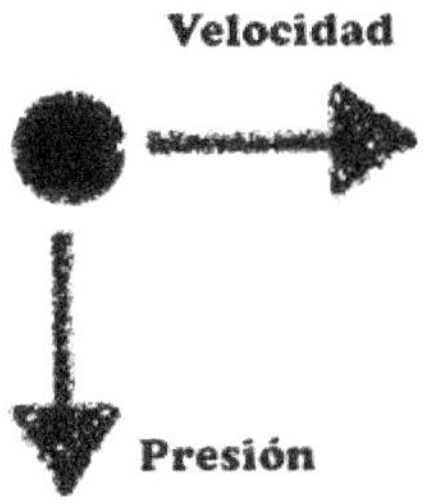

Toda partícula de aire está dotada de presión y velocidad. Para entender mejor este principio aerodinámico, tal como lo describe el Teorema de Bernoulli.

20.- El teorema de Bernoulli define que una partícula de aire:

A. Puede aumentar una de sus variables pero a su vez disminuir la otra para mantener un valor constante.
B. Puede aumentar o reducir ambas variables para mantener un valor constante.
C. Puede alterar independientemente sus variables sin mantener un valor constante.

¡Recuerda! El teorema afirma que una partícula de aire puede modificar una de sus variables, afectando directamente a la otra para mantener un valor constate.

21.- El efecto Venturi define que las partículas que pasan por un estrechamiento:

A. Aumentan su presión y disminuyen su resistencia.
B. Disminuyen su resistencia y aumentan su velocidad.
C. Aumentan su velocidad y disminuyen su presión.

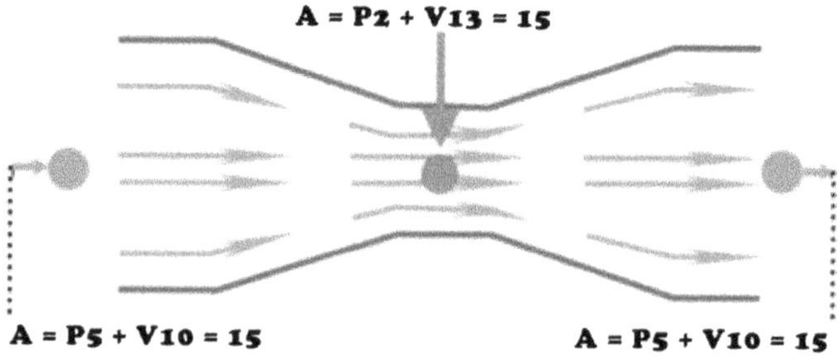

22.- Existen 4 fuerzas que actúan sobre un avión, son:

A. Peso, tracción, velocidad y resistencia.

B. Peso, sustentación, resistencia y tracción.

C. Peso, velocidad, sustentación y resistencia.

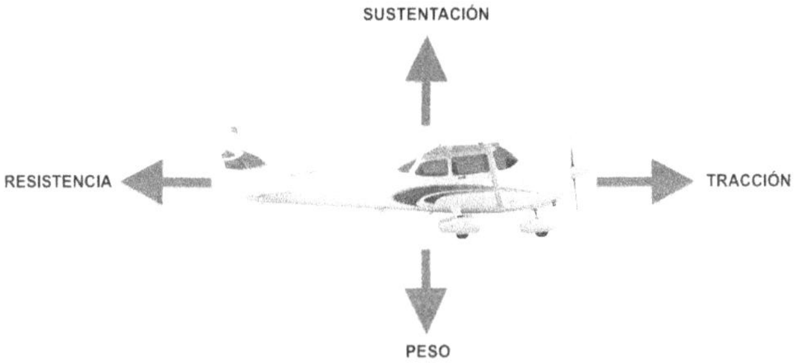

23.- El ángulo de ataque de un ala esta formado por:

A. La cuerda alar y el viento relativo.

B. La base o intradós del ala y la cuerda alar.

C. El intradós y el extradós.

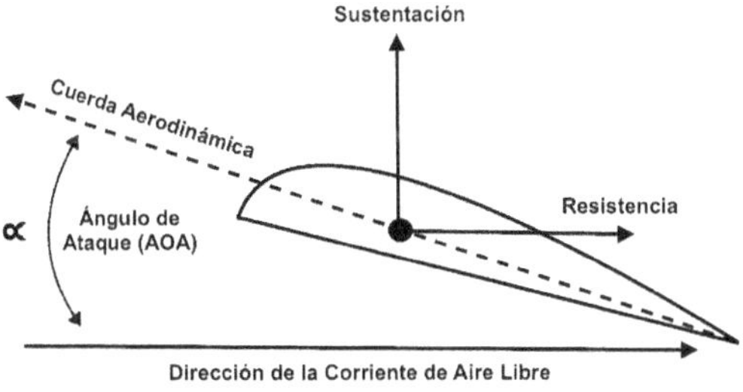

24.- Cual es la relación de las 4 fuerzas actuantes en un avión durante un vuelo recto y nivelado?

A. Las cuatro fuerzas están igualadas.

B. Sustentación = Peso. Y Tracción = Resistencia.

C. Sustentación = Resistencia. Y Peso = Tracción.

¡Recuerda! La cuatro fuerzas están igualadas, ya que las cuatro fuerzas ejercerán la misma presión para mantener al avión en vuelo una actitud de vuelo constante, es decir, sin ascender ni descender, y a una velocidad fija, sin acelerar o desacelerar.

25.- Los dispositivos hipersustentadores permiten:

A. Aumentar la sustentación sin aumentar la velocidad.
B. Mantener la sustentación a velocidad constante.
C. Reducir la resistencia y aumentar la sustentación.

¡Recuerda! Los dispositivos hipersustentadores como los Flaps aumentan la superficie alar generando un aumento de la sustentación.

Navegación Básica

Definimos "Navegación Aérea" como el conjunto de técnicas que permiten al piloto poder llevar un avión desde un origen hacia un destino, habiendo calculado todas las variables que intervienen.

26.- La diferencia entre un CURSO y un RUMBO está dada por:

A. El tipo de navegación a realizar.
B. El efecto del viento sobre los valores mencionados.
C. No existe diferencia, puesto que ambos son direcciones.

Navegación con viento cruzado y corrección de rumbo

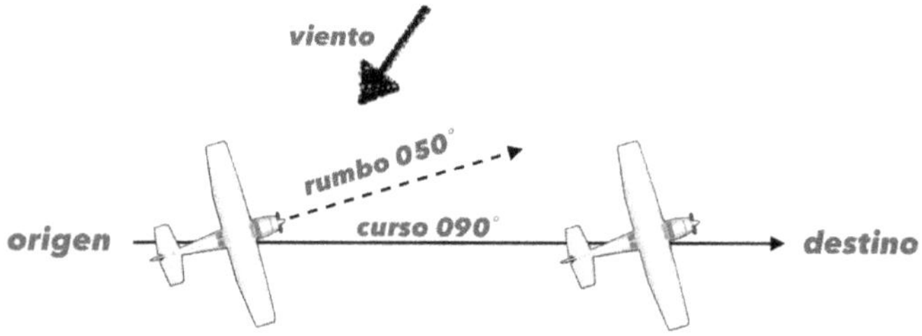

27.- Volando a una velocidad de 90KT (nudos), ¿cuanto demoraría el avión en recorrer una distancia de 334 KM?

A. A velocidad constante, 120 minutos.
B. A velocidad constante, 90 minutos.
C. Depende de la velocidad en KM, debido a la distancia en KM.

¡Recuerda! En aviación es habitual utilizar las unidades de medidas en kt (nudos) para las velocidades y NM (millas náuticas) para las distancias. Para la conversión de unidades se considera que 1NM es igual a 1.852 KM. 334 KM representan 180 NM aproximadamente.

28.- Volando a una velocidad de 100 MPH, ¿cuántos KM recorrerá una aeronave durante 90 minutos?

A. 161 KM.
B. 321 KM.
C. 241 KM.

Una milla terrestre, o MPH, es igual a 1.609 KM

29.- Según la pista de esta carta, ¿Cual podría ser la orientación de la pista del Aeropuerto de Tucumán?

A. Pista 15-33
B. Pista 25-07
C. Pista 02-20.

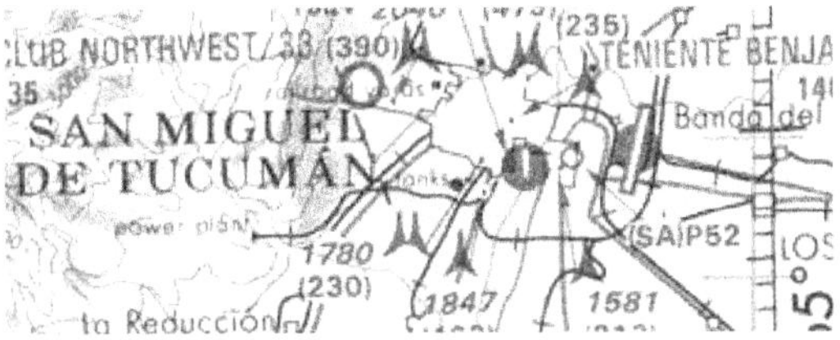

¡Recuerda! La representación gráfica de las pistas en una carta de navegación visual responden al norte magnético.

30.- Cual será la altitud de crucero correcta para volar en una navegación visual bajo reglas de vuelo visual con curso 130°?

A. De a miles + 500, en cifras PARES.
B. De a miles + 500, en cifras IMPARES.
C. De a miles, en cifras PAR o IMPAR.

¡Recuerda! Evita la confusión y no olvides la regla "al Oeste par, y al Este impar", sumándole 500 pies si en vuelo es visual no controlado.

31.- Considerando los siguientes datos: Distancia 370 KM. Velocidad 75kt. Consumo 35LT/HR. El resultado de las variables de Tiempo de vuelo y consumo de combustible será:

A. Tiempo: 01:50 hs. Consumo: 84 Lt.
B. Tiempo: 02:40 hs. Consumo: 94 Lt.
C. Tiempo: 95 Minutos. Consumo: 52 Lt.

32.- El combustible total mínimo y legal para una navegación visual estará dado por la suma de las siguientes variables:

A. El necesario para llegar a destino + alternativa.
B. El necesario para cubrir el destino + 45 minutos de reserva.
C. El necesario para llegar a destino + alternativa + 45 minutos.

¡Recuerda! Por razones de seguridad, todo vuelo debe prever un aeródromo de alternativa y considerar el combustible que se requiere para llegar a este.

Meteorología Básica

Definimos "Meteorología" como la ciencia que estudia los procesos atmosféricos y todos sus fenómenos. Estos fenómenos afectan directamente a la actividad aeronáutica y por tal motivo es de vital importancia que el piloto tenga conocimientos básicos sobre esta ciencia.

33.- El viento a una altitud de 6000 FT proviene del "Noroeste" pero en la superficie el viento proviene del "Norte". Cual es la razón de esta variación?

A. Diferentes presiones a diferentes altitudes.
B. EL "Efecto Coriolis" sobre la superficie.
C. La Fricción entre el viento y la superficie.

¡Recuerda! A una gran altura de la superficie del terreno, la superficie terrestre apenas ejerce influencia alguna sobre el viento. Sin embargo, en las capas más bajas de la atmósfera, las velocidades del viento se ven afectadas por la fricción con la superficie.

34.- Se define Punto de Rocío como:

A. La temperatura de condensación del vapor de agua contenido en el aire.
B. La temperatura a la cual la partícula de aire se transforma en gota de agua.
C. La temperatura a la cual debe enfriarse la atmosfera para precipitar.

¡Recuerda! El punto de rocío se define como el valor al que debe descender la temperatura del aire para que el vapor de agua existente comience a condensarse.

35.- La cantidad de vapor de agua que el aire puede mantener…

A. Dependerá del punto de rocío.
B. De la temperatura del aire.
C. De la estabilidad del aire.

36.- Las nubes y la niebla son el resultado de:

A. Vapor de agua condensado.
B. Humedad relativa cercana al 100%.
C. Presencia de vapor de agua en el aire.

37.- La familia de nubes se divide en 4 grupos según:

A. Su forma y peligrosidad.
B. Su rango de altura.
C. Su composición.

¡Recuerda! Considerando que la troposfera está dividida en tres capas a distinta altura, es posible clasificar a las nubes según la capa que ocupen, nubes bajas, medias y altas.

38.- Que clase de nubes presenta mayor turbulencia?

A. Torres Cúmulos.
B. Cumulonimbos.
C. Nimbostratos.

¡Recuerda! La extensión vertical de una nube de cúmulos es una muy buena indicación de la intensidad del flujo de aire vertical debajo y dentro de la nube y, en consecuencia, de la intensidad de la turbulencia dentro y alrededor de la nube.

39.- Como afecta el engelamiento en la sustentación?

A. No afecta a la sustentación.
B. Al adherirse al perfil alar, modifica su forma y afecta a su capacidad de sustentar.
C. Al adherirse al avión, aumenta su peso y genera mayor resistencia, disminuyendo la sustentación.

La formación de hielo sobre el perfil alar modifica su forma y afecta a su capacidad para generar sustentación.

Instrumentos de Vuelo

Continuando con los conceptos básicos de cada materia, es el turno de los instrumentos de vuelo. Comencemos sabiendo que los instrumentos de vuelo se clasifican en dos grandes grupos., instrumentos basados en la medición de presión e instrumentos basados en las propiedades giroscópicas.

40.- Los instrumentos basados en la medición de presión son:
A. Altímetro, velocímetro, giro direccional y variómetro.
B. Variómetro, altímetro, velocímetro.
C. Horizonte artificial, altímetro y velocímetro.

¡Recuerda! Los instrumentos basados en la medición de presión utilizan las tomas estáticas y el tubo pitot de la aeronave.

41.- El arco verde que muestra un velocímetro indica:

A. Rango normal de operación.

B. Rango normal de operación con tren abajo.

C. Rango normal de operación con Flaps extendidos.

El arco verde que rodea los valores de velocidad en un velocímetro indican el rango normal de operación de la aeronave.

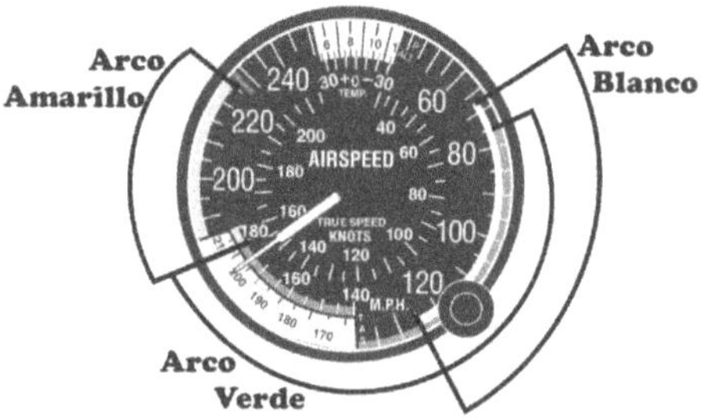

42.- El arco amarillo en el velocímetro indica:

A. Rango de precaución. No operable.

B. Rango de precaución. Operable.

C. Rango de precaución. Operable con tren retraído.

43.- El principio de funcionamiento de un altímetro se basa en:

A. La medición del cambio de presión debido a la altura.

B. La variación de la velocidad del cambio de presión.

C. La variación de la presión en ascenso y en descenso.

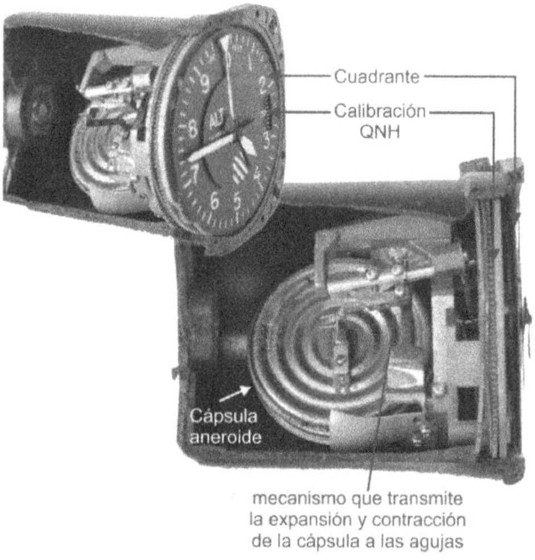

44.- Al obstruirse la toma estática de presión, se pierde:

A. La información del altímetro, variómetro y giro direccional.
B. La información del velocímetro y variómetro únicamente.
C. La información del velocímetro, altímetro y variómetro.

¡Recuerda! Al obstruirse una toma de presión, todos los instrumentos que trabajan esta información dejarán de funcionar, o funcionarán de manera anormal.

45.- Los instrumentos giroscópicos son:

A. Variómetro, horizonte artificial y giro direccional.
B. Coordinador de giros y horizonte artificial únicamente.
C. Giro direccional, horizonte artificial y coordinador de giros.

¡Recuerda! El giróscopo es un dispositivo mecánico capaz de medir, mantener o cambiar la orientación en el espacio de un móvil. Los instrumentos giroscópicos se basan en dos propiedades de los giróscopos: "Rigidez en el Espacio" y "Precesión"

46.- Observando la siguiente figura, el número 01 indica:

A. Marcas visuales de referencia para la inclinación de un viraje.
B. Marcas visuales de referencia para la corrección de deriva.
C. Marcas de referencia para la inclinación alar en vuelo recto.

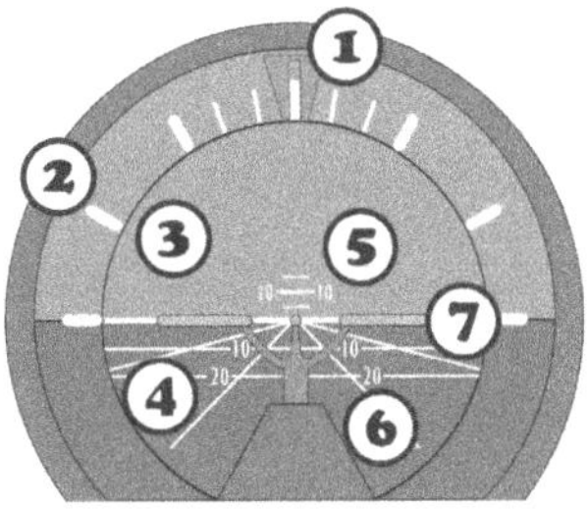

47.- Observando la siguiente figura, los números 05 y 06 indican:

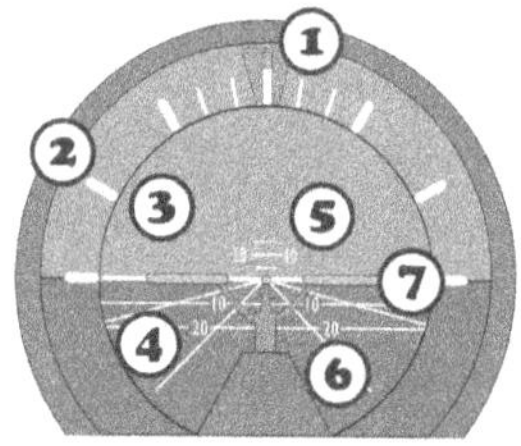

A. Escala numérica para el ángulo de ataque.
B. Escala numérica para la indicación de "Pitch up/down".
C. Escala numérica para la indicación de ascensos y descensos.

48.- Los instrumentos giroscópicos están basados en:

A. Los giróscopos y el sistema eléctrico del avión.
B. En las propiedades de "Rigidez" y "Precesión".
C. En propiedades internas e individuales de cada instrumento.

49.- Para que la información del "Giro Direccional" sea precisa durante un vuelo, el piloto debería:

A. Calibrar el "Giro" con el rumbo de pista antes de despegar para que coincida con el eje de pista.
B. Calibrar el "Giro" con el rumbo actual al poner en marcha el avión y antes de iniciar el rodaje para evitar errores.
C. Calibrar el "Giro" con la brújula regularmente en vuelo, ya que el Giro puede procesar.

¡Recuerda! Siempre es recomendable confirmar la información del giro direccional con la información de la brújula magnética, a fin de calibrar el instrumento giroscópico para lograr una información mas precisa.

50.- El altímetro indicará:

A. La altitud real.
B. La altitud absoluta.
C. Ambas, según sea deseado.

51.- Que instrumentos quedarían inoperativos si se origina una obstrucción en el "Tubo Pitot"?

A. El altímetro y el velocímetro.
B. Únicamente el altímetro.
C. Únicamente el velocímetro.

Grupo Moto-Propulsor

El grupo Moto-propulsor en un avión es el encargado de generar la tracción necesaria para generar una propulsión por sus propios medios. Trabaja en conjunto con el sistema de tracción de la hélice. Los conocimientos básicos sobre este tema, son de mucha importancia para un piloto, ya que lo ayudará a entender que está sucediendo dentro del motor.

52.- El principio de funcionamiento de un motor aeronáutico se basa en el conocido "Ciclo Otto" o de 4 tiempos. Estos son:

A. Compresión. Expansión. Escape y Alimentación.
B. Alimentación. Compresión. Explosión. Escape.
C. Admisión. Compresión. Explosión. Escape.

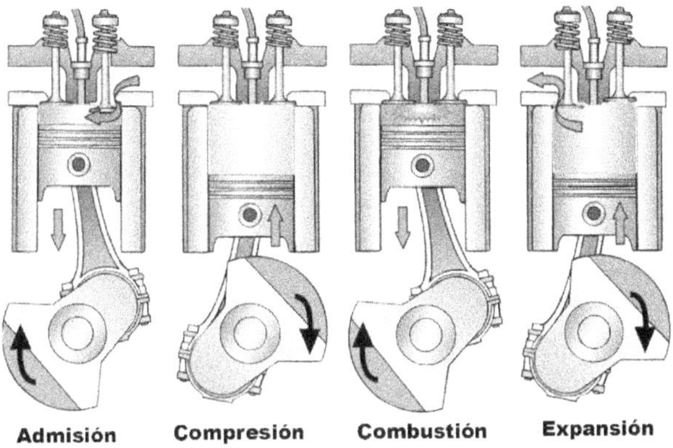

53.- La segunda etapa del Ciclo Otto comienza con el pistón:

A. Ubicado en el PMS (punto muerto superior).
B. Ubicado en el PMI (punto muerto inferior).
C. La ubicación resulta indiferente para esta etapa.

54.- ¿En cual de los cuatro tiempos del Ciclo Otto, las válvulas de admisión y escape se encuentran completamente cerradas?

A. Admisión y escape.
B. Compresión.
C. Únicamente admisión.

55.- Respecto al sistema de propulsión, el piloto puede controlar el mismo accionando los comandos de:

A. Aceleración. Hélice. Mezcla.
B. Hélice. Mezcla.
C. Aceleración. Hélice.

56.- Las condiciones meteorológicas que pueden producir hielo en el carburador son:

A. Humedad relativa y temperatura inferior a 30°.
B. Vapor de agua en el aire y temperatura inferior a 0°.
C. Humedad relativa, nubosidad variable y precipitación.

¡Recuerda! Los dos factores que favorecen a la formación de hielo en el carburador son la humedad relativa y las temperaturas bajas.

57.- Una temperatura de motor extremadamente alta, causaría:

A. Ningún efecto en motores aeronáuticos.
B. Perdida de potencia, excesivo consumo de aceite y posibles deterioros internos.
C. Causar daños en los conductos del cilindro.

58.- En una aeronave equipada con bombas de combustible, ¿cuando se usaría su bomba eléctrica auxiliar?

A. Únicamente cuando se opere la aeronave en condiciones de vuelo acrobático.
B. Paralelo a la bomba tradicional para prever su posible falla.
C. En el caso de que la bomba mecánica de combustible falle.

¡Recuerda! La operación de la bomba eléctrica de combustible depende del procedimiento de cada aeronave, pero es un buen hábito utilizarla en las fases críticas de vuelo a modo de prevención.

59.- El propósito de "empobrecer" la mezcla de combustible con la altitud es:

A. Incrementar la cantidad de combustible en la mezcla para compensar la cantidad de aire reducida.
B. Reducir la cantidad de combustible en la mezcla para compensar el incremento en la densidad de aire.
C. Reducir el flujo de combustible para compensar la reducción de la densidad del aire.

¡Recuerda! La densidad del aire disminuye con la altura y es necesario compensar esta diferencia con el combustible que llega al carburador.

60.- El uso del aire caliente al carburador, tiende a:

A. Incrementar la performance del motor.

B. Reducir la performance del motor.

C. No tiene efecto alguno sobre la performance del motor.

¡Recuerda! Se estima que el aire caliente en el carburador reduce la performance del motor en un 9%.

61.- Una alta temperatura del aceite de motor sería causada por:

A. Avión operado con una excesiva mezcla rica.

B. Nivel de aceite extremadamente bajo.

C. Temperatura externa extremadamente alta.

62.- Se recomienda llenar los tanques de combustible luego del ultimo vuelo del día con el objeto de:

A. Eliminar el aire de los tanques y prevenir la condensación del vapor.

B. Prevenir una contaminación de combustible en caso de lluvia.

C. Eliminar el espacio restante del tanque para evitar desechos.

Comunicaciones e Información de Vuelo

Al operar una aeronave dentro de un espacio aéreo controlado existen ciertos protocolos de comunicación, pero a su vez existen servicios de asistencia al vuelo.

63.- Al recibir la información del ATIS, se obtiene:

A. Informacion diaria meteorológica y del aeropuerto.

B. Información horaria meteorológica y del aeropuerto.

C. Información del servicio de transito aéreo y radar.

¡Recuerda! El formato de un ATIS es similar al de un METAR y se confecciona cada 60 minutos.

64.- Volando en un espacio aéreo controlado en rumbo 090°, el controlador informa que hay un tránsito a las tres en punto de su posición, a 2 NM, proa al norte. El piloto debería observar hacia

A. El norte.
B. El sur.
C. El oeste.

65.- Al utilizar el "Transponder" y cambiar sus códigos según el requerimiento del control de transito aéreo, el piloto debería evitar seleccionar por error los siguientes códigos:

A. 2200. 7500. 9900.
B. 7600. 7700. 2000.
C. 7600. 7500. 7700.

66.- Ante una falla de comunicación, al ver una luz verde desde la torre de control, significa que:

A. La aeronave debería volver al aeropuerto y aterrizar.
B. La aeronave está autorizada a aterrizar.
C. La aeronave debe ceder el paso a una aeronave por despegar.

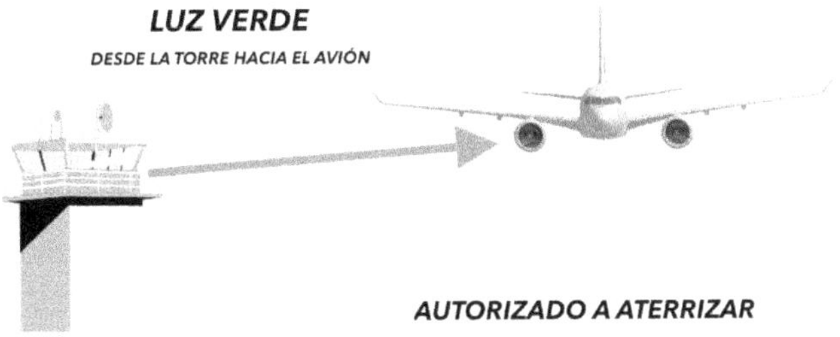

67.- Ante una falla de comunicación en la etapa de rodaje. ¿Cual de las siguientes señales desde la torre, autoriza al piloto a rodar?

A. Destellos de luz blanca.
B. Destellos de luz verde.
C. Destellos de luz azul.

68.- Al activarse el ELT (emergency locator transmiter), transmite en frecuencia:

A. 118.0 and 118.8 MHz.
B. 123.0 and 119.0 MHz.
C. 121.5 and 243.0 MHz.

69.- Luego de aterrizar en un aeropuerto internacional, ¿en que momento el piloto debería cambiar de frecuencia y contactar a control de superficie?

A. En el momento en el que se le indico previamente.
B. Luego de detener el avión en la carrera de aterrizaje.
C. Una vez llegado a la posición de estacionamiento para finalizar la maniobra en superficie.

¡Recuerda! El cambio de frecuencia de torre al control de superficie debe darse luego de abandonar la pista posterior al aterrizaje, pero en todos los casos, el piloto debe realizar el cambio cuando el controlo lo requiera.

Aeropuertos y Espacios Aéreos

Operando una aeronave dentro de un determinado sector controlado como un aeropuerto, o dentro de un espacio aéreo controlado, existen ciertas cuestiones que todo piloto debe conocer.

70.- La aeronave que tendrá "el derecho de paso" ante todas las otras aeronaves en un espacio aéreo, será

A. El globo aerostático.

B. El planeador.

C. Cualquier aeronave en emergencia.

¡Recuerda! Las situaciones de emergencia se imponen ante cualquier otra condición de vuelo. Esto le dará la prioridad de operación ante cualquier otra aeronave.

71.- ¿Que acción deberán tomar los pilotos de dos aeronaves que se encuentran con un rumbo de colisión frontal?

A. La aeronave de pequeño porte sede el paso a la de gran porte.

B. La aeronave de gran porte sede el paso a la de pequeño porte.

C. Ambas aeronaves realizan un viraje hacia la derecha.

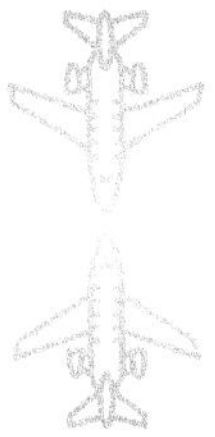

Cuando dos aeronaves se están aproximando en dirección opuesta y existe peligro de colisión, cada una debe cambiar de rumbo hacia la derecha. Ninguna tiene derecho de paso.

72.- Operando en una zona de alta congestión de tránsito aéreo, antes de iniciar cualquier maniobra el piloto debería:

A. Verificar la velocidad, altitud y rumbo.

B. Verificar visualmente toda el área de operación con el fin de evitar una colisión.

C. Anunciar su próxima maniobra o intención al control de transito aéreo, con el cual tiene contacto radial.

¡Recuerda! Si bien es muy importante la verificación visual de la zona de vuelo, se deberá notificar al control de tránsito aéreo de cualquier cambio en la trayectoria de vuelo siempre que la aeronave esté volando en una zona de control radar.

73.- En un aeropuerto internacional las luces del borde de las calles de rodaje estarán iluminadas de color:

A. Bordes blancos y centro azul.
B. Bordes azules.
C. Bordes verdes y centro blanco.

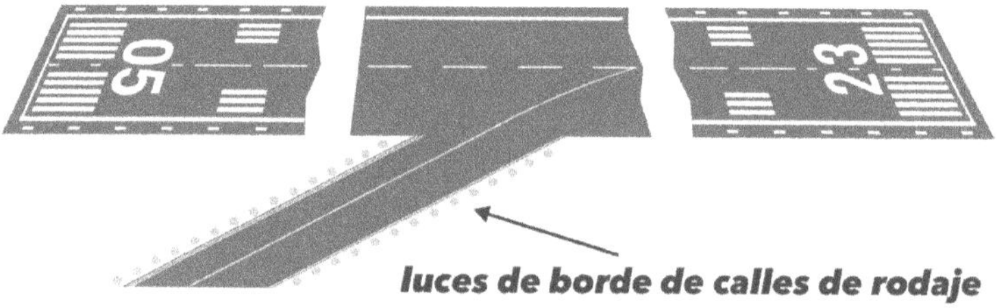

¡Recuerda! Los bordes de las calles de rodaje están delimitados con una línea de luces azules.

74.- Los números 09 y 27 en una pista indica:

A. Que la orientación de la pista es 009-027.
B. Que la orientación de la pista es 090-027.
C. Que la orientación de la pista es 090-270.

¡Recuerda! Los números de la pista indican su orientación respecto del norte magnético. Pista 23, orientada a los 230º.

75.- Respecto al sistema de iluminación de pistas, la última sección de una pista será de color ámbar e indicará:

A. Los últimos 900 metros remanentes de pista.
B. Los últimos 600 metros remanentes de pista.
C. Los últimos 300 metros remanentes de pista.

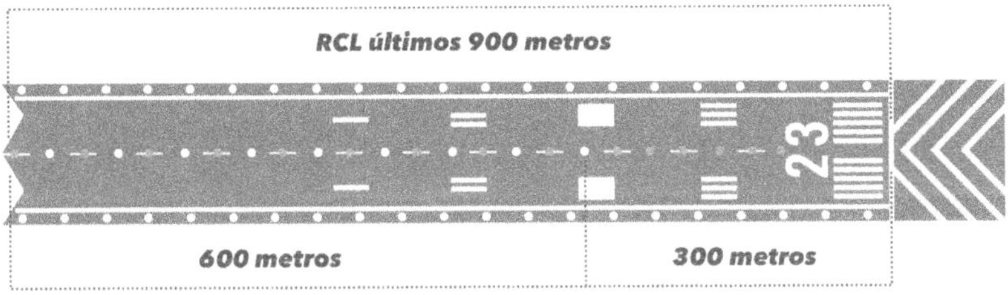

76.- En una pista asfaltada, la zona de toque o "TouchDown Zone" estará identificada con:

A. Con una X de cada lado del centro de pista si se trata de un aeropuerto no controlado.
B. Con un rectángulo blanco de cada lado del centro de la pista en cualquier aeropuerto, sea de cabotaje o internacional.
C. Con dos rectángulos paralelos a cada lado del centro de la pista en cualquier aeropuerto.

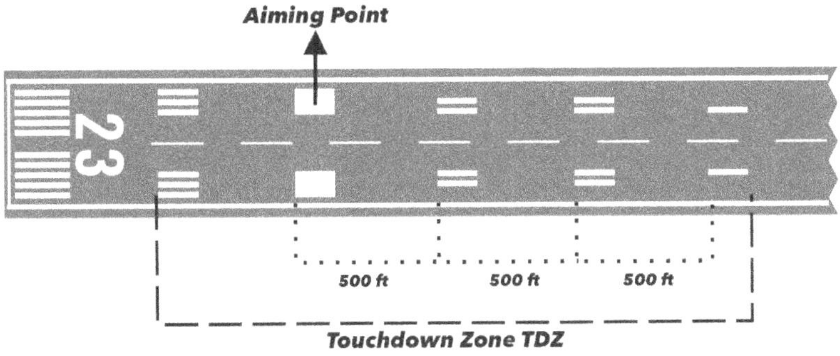

En este punto nos tomaremos un margen superior de tiempo ya que se considera un pilar en la carrera de todo piloto el correcto desarrollo de un procedimiento radioeléctrico.

77.- Entendiendo a una estación VOR como punto de referencia, una posición es:

A. Un punto justo en el espacio con una dirección respecto del la estación VOR.
B. Un punto justo en el espacio dado por un Radial.
C. Un punto justo en el espacio dado por un radial + una distancia con respecto a la estación VOR.

¡Recuerda! Para determinar una posición exacta respecto de una estación VOR se necesitan dos valores, el radial que la aeronave está sobrevolando y la distancia hacia la estación VOR.

78.- Respecto a una estación VOR, o a una antena NDB, es posible realizar los siguientes procedimientos.

A. Ingresos. Alejamientos. Esperas.
B. Ingresos. Alejamientos. Arco DME. Esperas.
C. Ingresos. Alejamientos. Arco DME. Esperas. Vuelos directos.

79.- En un procedimiento de ingreso por un radial determinado, el rumbo será:

A. El mismo que el radial deseado.
B. El opuesto al radial deseado.
C. El radial no interfiere en el rumbo de ingreso.

¡Recuerda! En todos los procedimientos radioeléctricos de ingreso hacia una estación, el rumbo siempre será el opuesto al valor del radial de ingreso, mientras que en los alejamientos estos dos valores podrían ser iguales.

80.- Los procedimientos de esperas están conformados por:

A. Cuatro etapas, dos de 60 segundos y dos virajes.

B. Cuatro etapas, todas de 60 segundos cada una.

C. Dos etapas, una controlada y otra no controlada.

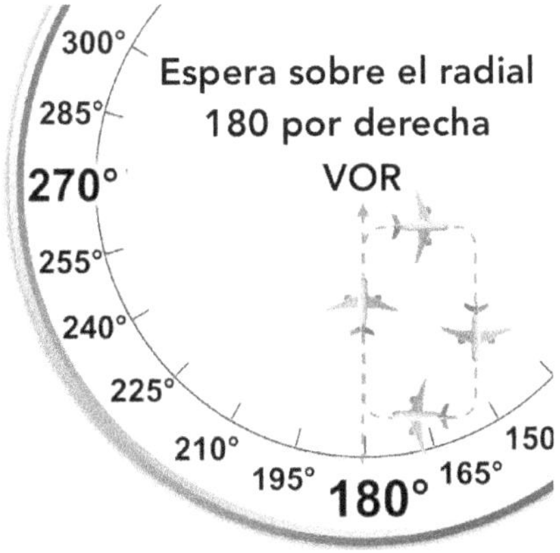

81.- El procedimiento ARCO DME es utilizado para:

A. Ingresar o alejar por una posición respecto de un NDB.

B. Ingresar o alejar por una posición respecto de un VOR.

C. Ingresar o alejar por una posición sea cual sea la antena.

¡Recuerda! El Arco DME es utilizado para ingresos y alejamientos desde cualquier estación radio eléctrica, pero es necesario contar con un sistema de medición de distancia (DME).

82.- Según la siguiente figura, en que posición se encontrara el avión?

A. QDM 360.
B. QDR 180.
C. Radial 340.

83.- Observando la siguiente figura, ¿En que posición se encuentra el avión respecto de la estación VOR?

A. Radial 150.
B. Radial 170.
C. Ninguna de las anteriores.

Utilizando un RMI, la posición se debe leer en la "cola" de la aguja, mientas que la dirección hacia la estación la indicará la punta de la aguja.

84.- Observando la siguiente figura, el VOR posee 5 puntos a cada lado del CDI, los cuales indican:

A. Cada punto , 2° de desviación del radial solicitado.
B. Cada punto, 1° de desviación del radial solicitado.
C. Cada punto, no posee relación con la desviación de un radial.

Dependiendo del equipo instalado en la aeronave, los puntos indicadores de desviación del radial se representan cada 2° de desviación, en función al radial seleccionado.

85.- Observando la siguiente figura, ¿En que posición se encuentra el avión respecto de la estación VOR?

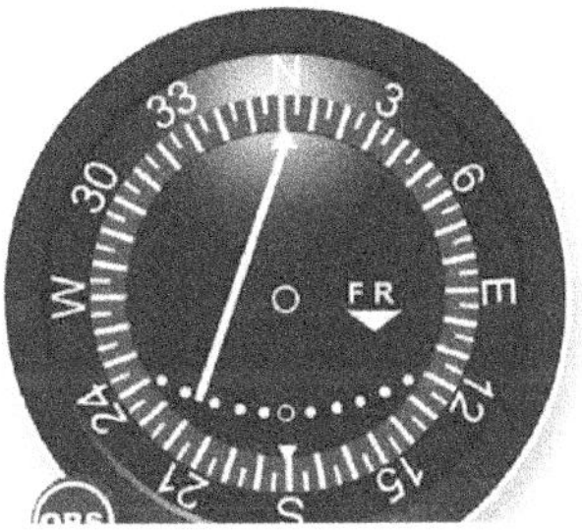

A. Radial 007.
B. Radial 353.
C. Radial 187.

86.- Observando la siguiente figura, ¿En que posición se encuentra el avión respecto de la antena NDB?

A. QDM 135.
B. QDM 360.
C. QDR 315.

87.- Observando la siguiente figura, ¿En que posición se encuentra el avión respecto de la estación VOR?

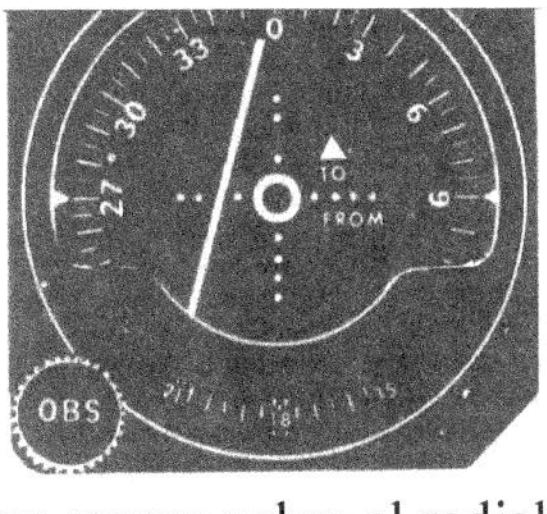

A. Radial 186.
B. Radial 176.
C. Radial 354.

88.- Observando la siguiente figura, para realizar una espera sobre el radial 060 por derecha, la incorporación será:

A. Directa.
B. Gota de agua.
C. Vuelo paralelo.

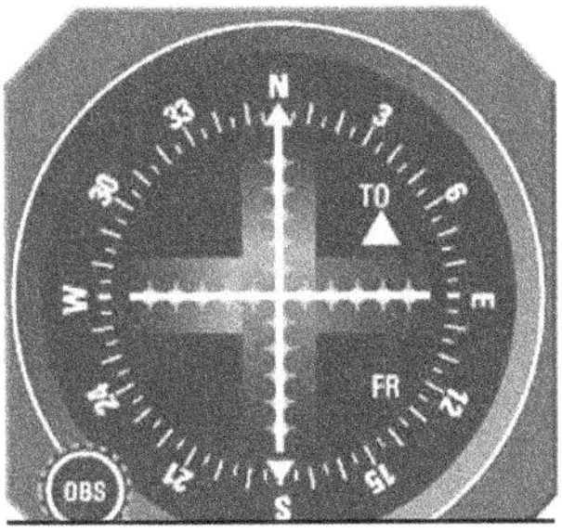

Las esperas representadas en la parte superior del instrumento, utilizan las incorporaciones "Gota" y "Paralelo".

89.- Observando la figura anterior, para realizar una espera sobre el radial 360 por izquierda, la incorporación será:

A. Directa.
B. Gota de agua.
C. Vuelo paralelo.

90.- El avión se encuentra alejando por el radial 135 y el control le solicita ingresar por el radial 135 "inmediatamente". Cual será el procedimiento mas adecuado:

A. Procedimiento OACI.
B. Procedimiento de gota de agua.
C. Procedimiento de 90-270.

¡Recuerda! Existen tres procedimientos de inversión de curso: gota de agua, OACI y 90-270. Los dos primeros requieren volar durante 60 segundos a un rumbo determinado. El tercero no requiere este tiempo de vuelo.

91.- La banda de frecuencia de una estación VOR en todas sus diferentes clases (VOR-N y VOR-T) trabaja en:

A. VHF 108.0 a 118.0 MHz.
B. VHF 112.0 a 118.0 MHz.
C. VHF 118.0 a 134.40 MHz.

¡Recuerda! Estas ondas de radio se emiten en una determinada frecuencia (desde 108.00 MHz hasta 118.00 MHz). Desde el equipo de abordo, el piloto puede seleccionar la frecuencia de una determinada estación VOR, y recibir las señales radioeléctricas decodificadas como posiciones.

92.- La banda de frecuencia de una antena NDB opera en una banda de frecuencia de:

A. De 190 MHz a 1500 MHz en amplitud modulada (AM).
B. De 190 KHz a 1750 KHz en amplitud modulada (AM).
C. De 200 KHz a 900 KHz en amplitud modulada (AM).

Regulaciones Aeronáuticas

Existen ciertos aspectos reglamentarios que todo piloto que inicia sus primeros pasos en la aviación debería conocer. Para tal fin existe el conocido reglamento de vuelo donde se detallan las normas mas importante a seguir.

93.- En condiciones meteorológicas óptimas, un vuelo VFR podrá llevarse a cabo en el siguiente rango de altitudes o niveles:

A. Desde la superficie hasta la capa de transición.
B. Desde la superficie hasta el nivel de vuelo 195.
C. En cualquier nivel de vuelo siempre que se le sumen 500 FT.

¡Recuerda! Todos los vuelos VFR, sean controlados o no controlados, podrán realizarse hasta los 19500 pies. Para altitudes superiores, los vuelos deberán realizarse bajo reglas de vuelo IFR.

94.- Un vuelo VFR debe tener siempre contacto visual con el terreno, pudiendo sobrevolar la nubosidad siempre y cuando, esta no cubra:

A. La totalidad de la superficie evitando el contacto visual.
B. Mas de cuatro octavos de la superficie.
C. Mas de un tercio de la superficie.

¡Recuerda! En todos los casos, los vuelos VFR deben tener contacto visual con el terreno durante todo el trayecto. En caso de perder el contacto visual con la superficie de manera permanente, el vuelo deberá ser IFR.

95.- La altura mínima para un vuelo VFR sobre el mar, el terreno y la ciudad será de:

A. Mar 500FT. Terreno 500FT. Ciudad 1000FT.
B. Mar 1000FT. Terreno 500FT. Ciudad 1000FT.
C. Mar 500FT. Terreno 500FT. Ciudad 500FT.

96.- Los mínimos meteorológicos para un aeródromo no controlado en un vuelo VFR serán de:

A. Visibilidad 5KM y techo de nubes a 1000FT.
B. Visibilidad de 2.5KM y techo de nubes a 500FT.
C. Visibilidad de 5000FT y techo de nubes de 1000MTS.

¡Recuerda! Las regulaciones internacionales establecen un mínimo de 5.000 metros de visibilidad horizontal para establecer como límite a los vuelos VFR.

97.- Respecto a la capa de transición, posee un nivel de transición en el cual el piloto deberá cambiar el reglaje del altímetro:

A. A nivel de vuelo si esta en ascenso.
B. A nivel de vuelo sin importar que ese en ascenso o descenso.
C. Al QNH local.

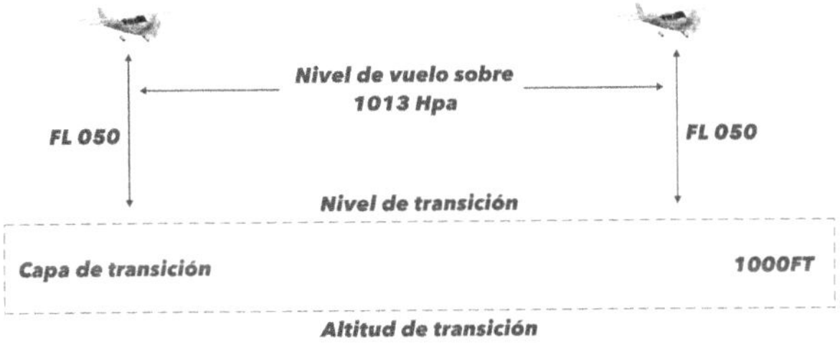

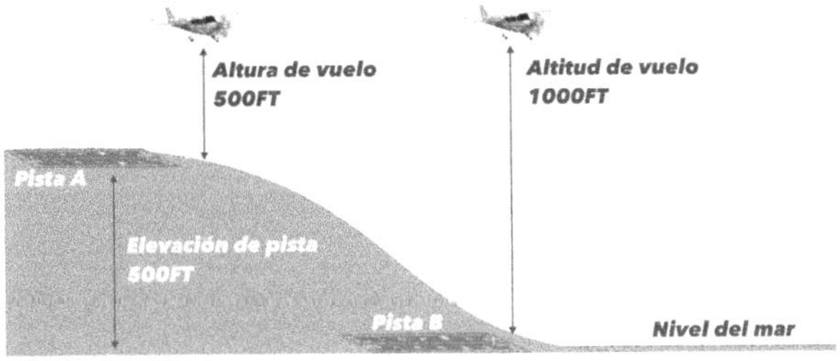

98.- Las luces reglamentarias de navegación en un avión son:

A. Luz izquierda roja. Luz derecha verde. Luz de cola blanca.

B. Luz izquierda verde. Luz derecha roja. Sin luz de cola.

C. La posición de las luces es irrelevante pudiendo variar.

99.- Respecto a un plan de vuelo, debería ser presentado:

A. Antes de cada vuelo, sea controlado o no controlado.

B. Únicamente en vuelos instrumentales.

C. En cualquier vuelo controlado, sea VFR o IFR.

¡Recuerda! El formulario del plan de vuelo es una declaración jurada de la actividad de vuelo prevista. Su finalidad es regular a todos los vuelos controlados, independientemente de las reglas de vuelo que se prevean, y con el objeto de ofrecer un servicio de asistencia al vuelo.

100.- Un formulario de plan de vuelo luego de presentarse tendrá una vigencia de:

A. 30 minutos y luego deberá enmendarse.

B. 45 minutos y luego deberá enmendarse.

C. El plan de vuelo nunca se vence una vez presentado.

¡Recuerda! El plan de vuelo tiene una vigencia de 30 minutos desde su presentación. En caso de que este plazo se termine, el piloto podrá presentar una enmienda para la demora y volverá a tener la misma vigencia.

Plan de vuelo

Es importante mantener la práctica del llenado de este formulario ya que cuenta con una gran cantidad de códigos y formatos a recordar.

101.- Completa el formulario del plan de vuelo, teniendo en cuenta los siguientes datos de la operación:

Para este primer vuelo, planificaremos una trayectoria corta y muy simple. El vuelo tiene lugar dentro de un mismo TMA, desde un pequeño aeropuerto hacia la pista de un aeroclub vecino a unas pocas millas del lugar. La aeronave es una pequeña aeronave de escuela, modelo Cessna 152, con el instructor y su alumno piloto. Han cargado los tanques de combustible a la mitad de su capacidad máxima y esto les otorga unas 2 horas y 45 minutos de autonomía. El vuelo se efectuará a las 13:30 hora local bajo reglas de vuelo visual, a 1500 pies.

Origen: Aeropuerto SAZM.
Destino: aeródromo privado TEC

A continuación te dejaré un plan de vuelo vacío. Intenta completarlo, y luego, en la página siguiente lo completaremos juntos.

U S Department of Transportation
Federal Aviation Administration

International Flight Plan

PRIORITY ADDRESSEE(S)

<=FF

<=

FILING TIME ORIGINATOR <=

SPECIFIC IDENTIFICATION OF ADDRESSEE(S) AND / OR ORIGINATOR

3 MESSAGE TYPE 7 AIRCRAFT IDENTIFICATION 8 FLIGHT RULES TYPE OF FLIGHT

<=(FPL — — — <=

9 NUMBER TYPE OF AIRCRAFT WAKE TURBULENCE CAT. 10 EQUIPMENT

— / — / <=

13 DEPARTURE AERODROME TIME

— <=

15 CRUISING SPEED LEVEL ROUTE

—

<=

TOTAL EET

16 DESTINATION AERODROME HR MIN ALTN AERODROME 2ND ALTN AERODROME <=

18 OTHER INFORMATION

—

<=

SUPPLEMENTARY INFORMATION (NOT TO BE TRANSMITTED IN FPL MESSAGES)

19 ENDURANCE EMERGENCY RADIO

HR MIN PERSONS ON BOARD UHF VHF ELBA

—E/ P/ R/

SURVIVAL EQUIPMENT JACKETS

POLAR DESERT MARITIME JUNGLE LIGHT FLUORES UHF VHF

/ /

DINGHIES

NUMBER CAPACITY COVER COLOR

D / <=

A/ AIRCRAFT COLOR AND MARKINGS

N / REMARKS <=

C/ PILOT-IN-COMMAND)<=

FILED BY ACCEPTED BY ADDITIONAL INFORMATION

U S Department of Transportation
Federal Aviation Administration

International Flight Plan

PRIORITY <=FF

ADDRESSEE(S) <=

FILING TIME | ORIGINATOR <=

SPECIFIC IDENTIFICATION OF ADDRESSEE(S) AND / OR ORIGINATOR

3 MESSAGE TYPE <=(FPL — 7 AIRCRAFT IDENTIFICATION: LV-TEC — 8 FLIGHT RULES: V — TYPE OF FLIGHT: G <=

9 NUMBER — TYPE OF AIRCRAFT: C152 — WAKE TURBULENCE CAT. / L — 10 EQUIPMENT — S / C <=

13 DEPARTURE AERODROME — SAZM — TIME: 1630 <=

15 CRUISING SPEED — N0100 — LEVEL: A015 — ROUTE: DCT ZZZZ

<=

16 DESTINATION AERODROME: ZZZZ — TOTAL EET HR MIN: 0020 — ALTN AERODROME: SAZM — 2ND ALTN AERODROME <=

18 OTHER INFORMATION

— DEST/ AERÓDROMO TEC

OPR/ ACADEMIA DE VUELO FC

<=

SUPPLEMENTARY INFORMATION (NOT TO BE TRANSMITTED IN FPL MESSAGES)

19 ENDURANCE HR MIN — E/ 0245 — PERSONS ON BOARD P/ 002 — EMERGENCY RADIO R/ UHF X VHF ELBA X

SURVIVAL EQUIPMENT X / POLAR X DESERT X MARITIME X JUNGLE X — JACKETS X / LIGHT X FLUORES X UH X VHF X

DINGHIES NUMBER CAPACITY COVER COLOR D X / <=

AIRCRAFT COLOR AND MARKINGS

A/ AERONAVE BLANCA CON RAYAS NEGRAS Y AZULES

REMARKS

X N / <=

PILOT-IN-COMMAND

C/ JUAN PEREZ)<=

FILED BY | ACCEPTED BY | ADDITIONAL INFORMATION

Analicemos juntos este ejemplo. En la primera sección aparece el primer campo a completar, la matricula de la aeronave (dato inventado a modo de ejemplo). Recuerda que no es necesario completar todos los espacios de una casilla. En caso de que sobren espacios, estos podrán quedar en blanco, pero nunca tachados o marcados.

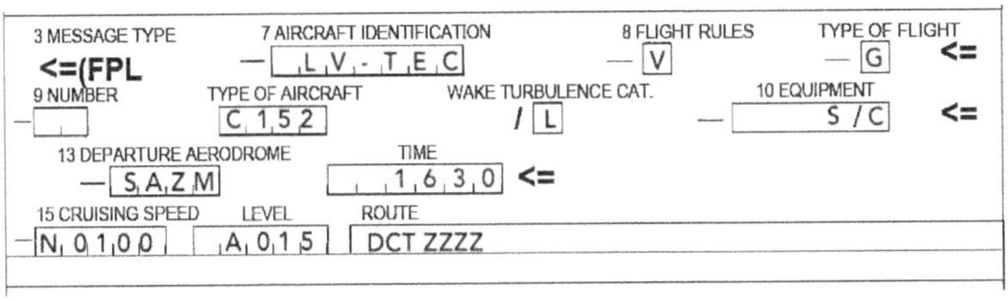
3 MESSAGE TYPE <=(FPL — 7 AIRCRAFT IDENTIFICATION — LV-TEC — 8 FLIGHT RULES — V — TYPE OF FLIGHT — G <=

9 NUMBER — TYPE OF AIRCRAFT C152 — WAKE TURBULENCE CAT. / L — 10 EQUIPMENT — S / C <=

13 DEPARTURE AERODROME — SAZM — TIME 1630 <=

15 CRUISING SPEED — N0100 — LEVEL A015 — ROUTE DCT ZZZZ

La siguiente casilla lleva a completar las reglas de vuelo con el primer código a recordar. Según la información del vuelo, este se llevará a cabo bajo reglas de vuelo visual (VFR). En este caso, el código para un vuelo bajo reglas VFR es la letra V.

El siguiente campo requiere declarar el tipo de vuelo, que para este caso será un vuelo de aviación general, con el código G.

Debajo a la izquierda, recuerda el orden de llenado de derecha a izquierda y de arriba hacia abajo, se encuentra la casilla de tipo de aeronave. La información de vuelo indica que se trata de una aeronave Cessna modelo 152, el código para este tipo de aeronaves es C152, y considerando su peso máximo de despegue por debajo de 7.000 kilos, se le otorgará la categoría d estela turbulenta light, a completar con la letra L en la siguiente casilla de la derecha.

En la casilla del lado derecho se declara un equipamiento estándar con la letra S, y un transponder modo C con la letra C posterior a la barra separadora.

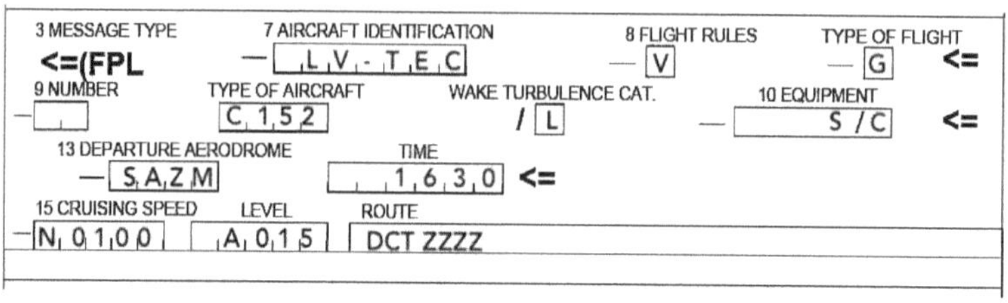
3 MESSAGE TYPE <=(FPL
7 AIRCRAFT IDENTIFICATION — LV-TEC
8 FLIGHT RULES — V
TYPE OF FLIGHT — G <=
9 NUMBER —
TYPE OF AIRCRAFT C152
WAKE TURBULENCE CAT. / L
10 EQUIPMENT — S / C <=
13 DEPARTURE AERODROME — SAZM
TIME 1630 <=
15 CRUISING SPEED — N0100
LEVEL A015
ROUTE DCT ZZZZ

Debajo a la izquierda, llega la casilla del aeródromo de salida. En este caso es el aeropuerto de la Ciudad de Mar del Plata, Argentina. Su designador internacional OACI es SAZM, y este se coloca en los espacios vacíos de esta casilla.

A la derecha, la casilla de la hora prevista para la puesta en marcha. Según la información del vuelo, está previsto poner en marcha a las 13:30 hora local, pero recuerda que en esta casilla se debe ingresar la hora UTC. En el caso de Argentina, país del aeródromo de salida, la hora UTC es igual a la hora local + 3 hs. En este caso se deberá declarar la hora de 16:30.

En la sección inferior de esta primera parte, las últimas tres casillas. Sobre el lado izquierdo, la casilla que declara la velocidad. En este caso, el piloto ha declarado una velocidad en crucero de 100 nudos. A la derecha, la casilla de la altitud o nivel de vuelo. En este caso, el vuelo tiene prevista una altitud en crucero de 1.500 pies. Para esta información, el código es la letra A (de altitud) y el valor expresado en centenares de pies, 15 centenares es el equivalente a 1500 pies. Ya en la última casilla de la derecha, la sección de la ruta. Para este vuelo, el tramo es bastante corto y sin puntos intermedios. El vuelo se desarrollará directo desde el origen hasta el aeródromo de destino, el cual, al no tener un designador OACI se establece como ZZZZ, y posteriormente se deberá aclarar su nombre.

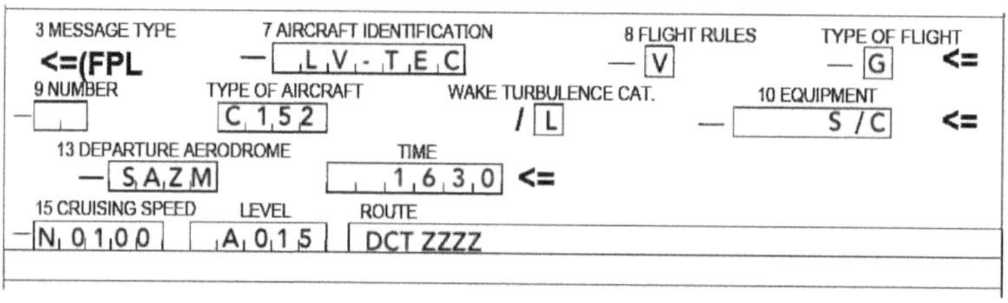
3 MESSAGE TYPE <=(FPL
7 AIRCRAFT IDENTIFICATION — LV-TEC
8 FLIGHT RULES — V
TYPE OF FLIGHT — G <=
9 NUMBER —
TYPE OF AIRCRAFT C152
WAKE TURBULENCE CAT. / L
10 EQUIPMENT — S / C <=
13 DEPARTURE AERODROME — SAZM
TIME 1630 <=
15 CRUISING SPEED — N0100
LEVEL A015
ROUTE DCT ZZZZ

Ya en la segunda sección del plan de vuelo, la primera casilla requiere declarar el designador OACI del destino. En este caso, el aeródromo no cuenta con uno, por tal, se declara el código ZZZZ, y posteriormente se nombrará el lugar.

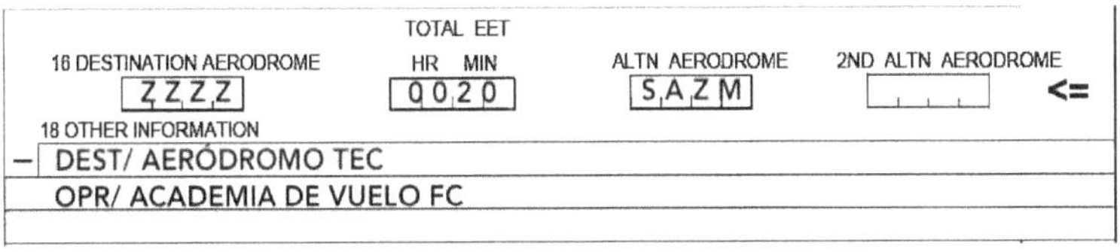
16 DESTINATION AERODROME ZZZZ
TOTAL EET HR MIN 0020
ALTN AERODROME SAZM
2ND ALTN AERODROME
<=
18 OTHER INFORMATION
– DEST/ AERÓDROMO TEC
OPR/ ACADEMIA DE VUELO FC

El tiempo de vuelo total, desde el despegue hasta el aterrizaje, es de 20 minutos. En la sección EET se declara la cantidad de horas y minutos, en este caso 00 horas y 20 minutos. A la derecha, las casillas para ingresar los aeródromos de alternativa. Como se trata de un vuelo VFR solo se requiere de un aeródromo de alternativa. En este caso se ha declarado al mismo aeródromo de origen como alternativa.

Finalmente, en la casilla de "otra información" es necesario aclarar el aeródromo de destino y el operador de la aeronave. Recuerda que el operador de la aeronave no es quien la vuela, sino el responsable legal y propietario de la aeronave.

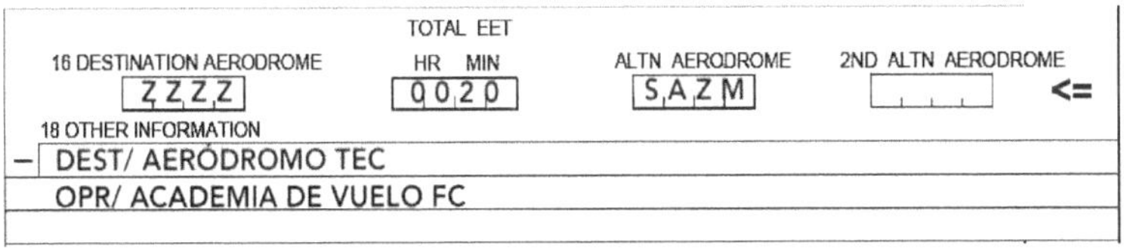
16 DESTINATION AERODROME ZZZZ
TOTAL EET HR MIN 0020
ALTN AERODROME SAZM
2ND ALTN AERODROME
<=
18 OTHER INFORMATION
– DEST/ AERÓDROMO TEC
OPR/ ACADEMIA DE VUELO FC

En este caso, se declara el aeródromo de destino con el código DEST/ y el nombre del lugar (aeródromo TEC); y se declara el operador con el código OPR/ y el nombre de la academia de vuelo.

Llegando a la sección de información suplementaria, comienza con la casilla de la autonomía del avión. Este valor se expresa en horas y minutos de vuelo. Según la información del vuelo, la aeronave cuenta con

2 horas y 45 minutos de autonomía, y tendrá 2 ocupantes totales dentro de la aeronave, valor que se expresa en la casilla de personas a bordo.

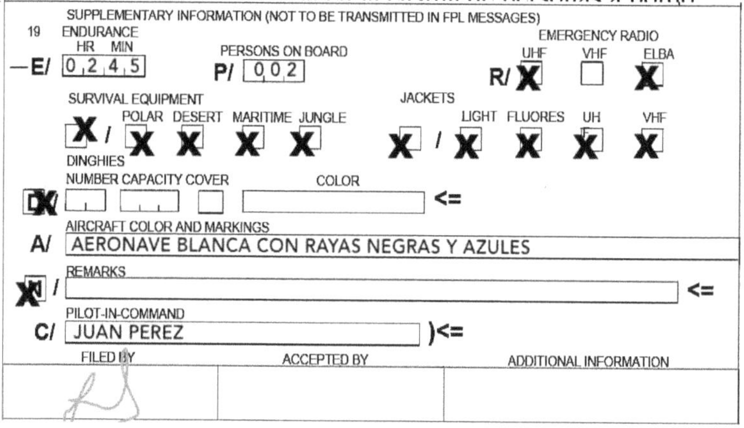
SUPPLEMENTARY INFORMATION (NOT TO BE TRANSMITTED IN FPL MESSAGES)
19 ENDURANCE
HR MIN
—E/ 0 2 4 5
PERSONS ON BOARD
P/ 0 0 2
EMERGENCY RADIO
UHF VHF ELBA
R/ X X
SURVIVAL EQUIPMENT
POLAR DESERT MARITIME JUNGLE
X / X X X X
JACKETS
LIGHT FLUORES UH VHF
X / X X X X
DINGHIES
NUMBER CAPACITY COVER COLOR
D <=
AIRCRAFT COLOR AND MARKINGS
A/ AERONAVE BLANCA CON RAYAS NEGRAS Y AZULES
REMARKS
N / <=
PILOT-IN-COMMAND
C/ JUAN PEREZ)<=
FILED BY
ACCEPTED BY
ADDITIONAL INFORMATION

En cuanto al equipamiento de emergencia, radios y supervivencia, la aeronave solo cuenta con un equipo VHF de radio. Considerando esta información, el piloto deberá tachar todo el resto de las casillas relativas a equipos de emergencia y supervivencia, salvo la casilla de radio VHF.

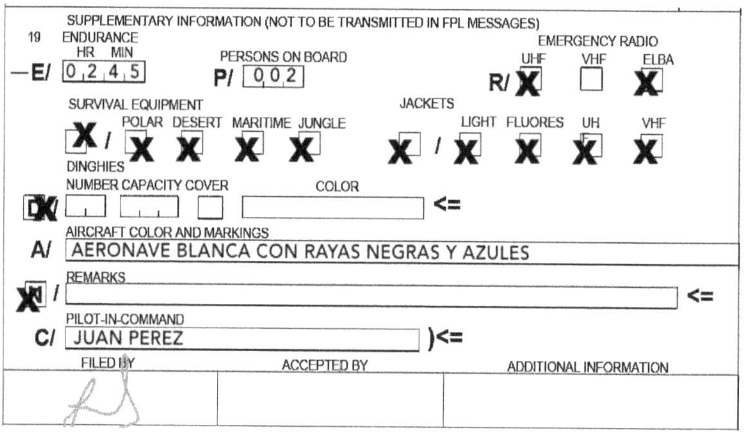
SUPPLEMENTARY INFORMATION (NOT TO BE TRANSMITTED IN FPL MESSAGES)
19 ENDURANCE
HR MIN
—E/ 0 2 4 5
PERSONS ON BOARD
P/ 0 0 2
EMERGENCY RADIO
UHF VHF ELBA
R/ X X
SURVIVAL EQUIPMENT
POLAR DESERT MARITIME JUNGLE
X / X X X X
JACKETS
LIGHT FLUORES UH VHF
X / X X X X
DINGHIES
NUMBER CAPACITY COVER COLOR
D <=
AIRCRAFT COLOR AND MARKINGS
A/ AERONAVE BLANCA CON RAYAS NEGRAS Y AZULES
REMARKS
N / <=
PILOT-IN-COMMAND
C/ JUAN PEREZ)<=
FILED BY
ACCEPTED BY
ADDITIONAL INFORMATION

Los tres últimos renglones declaran el color y marca de la aeronave, en este caso una aeronave blanca con rayas negra y azules. No se declaran observaciones relativas a la información de los equipos de emergencia y supervivencia.

Se declara el nombre del piloto al mando de la aeronave y debajo su firma, ya que en este caso en particular, el mismo ha sido quien presentó el plan de vuelo ante la autoridad aeronáutica del aeropuerto.

¿Has logrado completarlo correctamente? En caso de que hayas tenido algún error, no te alarme, es cuestión de practica.

102.- Completa el formulario del plan de vuelo, teniendo en cuenta los siguientes datos de la operación:

En este ejemplo se planifica un vuelo local por la costa con fines turísticos. La aeronave es un Piper Seneca V (PA-34), matrícula N00123, operada por dos pilotos y transportando a 4 turistas. La velocidad en crucero será de 100 nudos y la altitud prevista es de 2000 pies, un sobrevuelo a baja altura por la costa. El vuelo parte desde un aeródromo no controlado (un aeroclub de la zona) a las 12 am hora local y durará unos 20 minutos, pero uno de los pilotos a llevado personalmente el plan de vuelo hasta la oficina de operaciones en el aeropuerto a primera hora de la mañana de ese mismo día. El aeródromo de destino será el mismo aeroclub de la partida. Como alternativa se considera al aeropuerto mas cercano, el aeropuerto internacional de la ciudad de Montevideo, Uruguay, designador OACI SUMU. La aeronave posee sus tanques de combustible a la mitad de su capacidad y esto le da una autonomía de 3.5 horas de vuelo.

La aeronave es de color celeste con rayas azules, posee un equipo VFH y un sistema ELT como radiobaliza de emergencia. Considerando que se trata de un vuelo sobre el mar, la aeronave está equipada con 6 chalecos salvavidas. Estos chalecos tienen un sistema de luces y colores reflectantes, pero no cuentan con ningún sistema de radiobalizas.

Recuerda que en Uruguay, al igual que en Argentina, la hora UTC es la hora local + 3 horas.

U S Department of Transportation
Federal Aviation Administration

International Flight Plan

PRIORITY
<=FF

ADDRESSEE(S)
<=

FILING TIME

ORIGINATOR
<=

SPECIFIC IDENTIFICATION OF ADDRESSEE(S) AND / OR ORIGINATOR

3 MESSAGE TYPE
<=(FPL

7 AIRCRAFT IDENTIFICATION
—

8 FLIGHT RULES
—

TYPE OF FLIGHT
— <=

9 NUMBER
—

TYPE OF AIRCRAFT

WAKE TURBULENCE CAT.
/

10 EQUIPMENT
— / <=

13 DEPARTURE AERODROME
—

TIME
<=

15 CRUISING SPEED
—

LEVEL

ROUTE
<=

16 DESTINATION AERODROME

TOTAL EET
HR MIN

ALTN AERODROME

2ND ALTN AERODROME
<=

18 OTHER INFORMATION
—
<=

SUPPLEMENTARY INFORMATION (NOT TO BE TRANSMITTED IN FPL MESSAGES)

19 ENDURANCE
HR MIN
—E/

PERSONS ON BOARD
P/

EMERGENCY RADIO
UHF VHF ELBA
R/

SURVIVAL EQUIPMENT
POLAR DESERT MARITIME JUNGLE
/

JACKETS
LIGHT FLUORES UHF VHF
/

DINGHIES
NUMBER CAPACITY COVER COLOR
D / <=

AIRCRAFT COLOR AND MARKINGS
A/

REMARKS
N / <=

PILOT-IN-COMMAND
C/)<=

FILED BY

ACCEPTED BY

ADDITIONAL INFORMATION

U S Department of Transportation
Federal Aviation Administration

International Flight Plan

PRIORITY ADDRESSEE(S)

<=FF <=

FILING TIME ORIGINATOR <=

SPECIFIC IDENTIFICATION OF ADDRESSEE(S) AND / OR ORIGINATOR

3 MESSAGE TYPE <=(FPL — 7 AIRCRAFT IDENTIFICATION — N00123 — 8 FLIGHT RULES — V — TYPE OF FLIGHT — G <=

9 NUMBER — TYPE OF AIRCRAFT PA34 / WAKE TURBULENCE CAT. L — 10 EQUIPMENT S/C <=

13 DEPARTURE AERODROME — ZZZZ TIME 1500 <=

15 CRUISING SPEED — N100 LEVEL A020 ROUTE vuelo local entre los radiales 360 y 180 en un radio de 20NM de SUMU <=

16 DESTINATION AERODROME ZZZZ TOTAL EET HR MIN 0020 ALTN AERODROME SUMU 2ND ALTN AERODROME <=

18 OTHER INFORMATION

— DEP/ Aeroclub MPP

DEST/ Aeroclub MPP <=

SUPPLEMENTARY INFORMATION (NOT TO BE TRANSMITTED IN FPL MESSAGES)

19 ENDURANCE HR MIN — E/ 0330 PERSONS ON BOARD P/ 006 EMERGENCY RADIO R/ UHF X VHF ELBA

SURVIVAL EQUIPMENT X / POLAR X DESERT X MARITIME X JUNGLE X

JACKETS / LIGHT FLUORES UH X VHF X

DINGHIES NUMBER CAPACITY COVER COLOR

~~D~~ / <=

AIRCRAFT COLOR AND MARKINGS

A/ Aeronave celeste con rayas azules

REMARKS

~~N~~ / <=

PILOT-IN-COMMAND

C/ Juan Marquez)<=

FILED BY	ACCEPTED BY	ADDITIONAL INFORMATION
Julian Ramón		

El plan de vuelo comienza con la aclaración de la matrícula, seguido de la letra V para las reglas de vuelo visual, y la letra G para el tipo de vuelo general. El tipo de aeronave es PA34, con una categoría de estela turbulenta ligera y un equipamiento estándar con transponder modo C. El aeródromo de origen es un aeroclub de la zona que no cuenta con un designador OACI, por tal motivo, se declara ZZZZ y posteriormente se informará el nombre del lugar. El vuelo parte a las 15:00 hs UTC (12hs local). Se declara una velocidad de 100 nudos y una altitud de 2000 pies, indicando la letra A y el valor en centenares de pies (20 centenares es igual a 2000 pies). La ruta se describe como un vuelo local, abarcando el sector este del aeropuerto en un radio de 20 millas.

3 MESSAGE TYPE	7 AIRCRAFT IDENTIFICATION	8 FLIGHT RULES	TYPE OF FLIGHT	
<=(FPL	— N00123	— V	— G	<=
9 NUMBER	TYPE OF AIRCRAFT	WAKE TURBULENCE CAT.	10 EQUIPMENT	
—	PA34	/ L	— S/C	<=
13 DEPARTURE AERODROME	TIME			
— ZZZZ	1500	<=		
15 CRUISING SPEED	LEVEL	ROUTE		
— N100	A020	vuelo local entre los radiales 360 y 180 en un radio de 20NM de SUMU		

La segunda sección declara el aeródromo de destino como ZZZZ, ya que se trata del mismo aeródromo de origen, el cual no cuenta con un designador OACI.

16 DESTINATION AERODROME	TOTAL EET HR MIN	ALTN AERODROME	2ND ALTN AERODROME	
ZZZZ	0020	SUMU		<=
18 OTHER INFORMATION				
— DEP/ Aeroclub MPP DEST/ Aeroclub MPP				

El tiempo de vuelo es de 20 minutos y la alternativa del destino es el aeropuerto internacional de la ciudad de Montevideo, Uruguay. En la casilla 18 se aclara el nombre del origen y el destino en texto claro con los códigos DEP y DEST, respectivamente.

16 DESTINATION AERODROME	TOTAL EET HR MIN	ALTN AERODROME	2ND ALTN AERODROME	
ZZZZ	0020	SUMU		<=

18 OTHER INFORMATION

– DEP/ Aeroclub MPP
DEST/ Aeroclub MPP

La sección final declara una autonomía de 3 horas y 30 minutos, con 6 personas a bordo de la aeronave, un equipo VFH, un equipo ELT y chalecos salvavidas equipados con un sistema de luces, pero sin equipos de radio. Finalmente, la descripción de la aeronave y la firma de ambos pilotos, según corresponda.

SUPPLEMENTARY INFORMATION (NOT TO BE TRANSMITTED IN FPL MESSAGES)

19 ENDURANCE HR MIN — E/ 0330 PERSONS ON BOARD P/ 006 EMERGENCY RADIO UHF VHF ELBA R/ X

SURVIVAL EQUIPMENT POLAR DESERT MARITIME JUNGLE X / X X X X

JACKETS LIGHT FLUORES UH VHF / X X

DINGHIES NUMBER CAPACITY COVER COLOR D / <=

AIRCRAFT COLOR AND MARKINGS A/ Aeronave celeste con rayas azules

REMARKS N / <=

PILOT-IN-COMMAND C/ Juan Marquez)<=

FILED BY	ACCEPTED BY	ADDITIONAL INFORMATION
Julian Ramón		

103.- Completa el formulario del plan de vuelo, teniendo en cuenta los siguientes datos de la operación:

En este ejemplo intentaremos algo diferente. El vuelo parte de un aeropuerto el día 14 de septiembre hacia una estancia en medio del campo y regresa al día siguiente, partiendo de esta misma estancia al mismo aeropuerto de origen.

Para ello, el piloto presenta dos planes de vuelo, uno para el vuelo de ese mismo día y otro para el vuelo de regreso al día siguiente.

La aeronave es un Cessna 182, matricula MN-0510. El piloto lleva a tres personas mas que se quedarán una semana en el campo. La aeronave cuenta con un equipamiento estándar y un transponder modo C. Sale con los tanques de combustible llenos y una autonomía de 5 horas. El aeropuerto de salida es la ciudad de Cordoba (SACO), Argentina. El destino es una estancia ubicada al sur del aeropuerto a 45 NM, sobre el radial CBA170.

La velocidad de la aeronave es de 120 nudos y se prevé volar a una altitud de 1500 metros en un vuelo directo hasta la pista de la estancia de nombre “Estancia Olga”. El tiempo de vuelo es de 25 minutos, se prevé despegar a las 08 am hora local, y al ser un vuelo VFR solo se declarará como alternativa de destino al aeropuerto de origen.

El piloto al mando es el propietario del avión, Capitán Jose Enrique, quien presentará ambos planes de vuelo. La aeronave solo cuenta con un VHF, es de color blanca y roja.

El vuelo de regreso se planifica directo al aeropuerto de Cordoba (SACO), bajo las mismas condiciones, pero considerando partir a las 12 am hora local.

U S Department of Transportation
Federal Aviation Administration

International Flight Plan

PRIORITY ADDRESSEE(S)

<=FF

<=

FILING TIME ORIGINATOR <=

SPECIFIC IDENTIFICATION OF ADDRESSEE(S) AND / OR ORIGINATOR

3 MESSAGE TYPE 7 AIRCRAFT IDENTIFICATION 8 FLIGHT RULES TYPE OF FLIGHT

<=(FPL — — — <=

9 NUMBER TYPE OF AIRCRAFT WAKE TURBULENCE CAT. 10 EQUIPMENT

— / — / <=

13 DEPARTURE AERODROME TIME

— <=

15 CRUISING SPEED LEVEL ROUTE

—

<=

16 DESTINATION AERODROME TOTAL EET HR MIN ALTN AERODROME 2ND ALTN AERODROME

<=

18 OTHER INFORMATION

—

<=

SUPPLEMENTARY INFORMATION (NOT TO BE TRANSMITTED IN FPL MESSAGES)

19 ENDURANCE HR MIN PERSONS ON BOARD EMERGENCY RADIO UHF VHF ELBA

—E/ P/ R/

SURVIVAL EQUIPMENT POLAR DESERT MARITIME JUNGLE JACKETS LIGHT FLUORES UHF VHF

/ /

DINGHIES

NUMBER CAPACITY COVER COLOR

D / <=

AIRCRAFT COLOR AND MARKINGS

A/

REMARKS

N / <=

PILOT-IN-COMMAND

C/)<=

FILED BY ACCEPTED BY ADDITIONAL INFORMATION

U S Department of Transportation
Federal Aviation Administration

International Flight Plan

PRIORITY <=FF

ADDRESSEE(S) <=

FILING TIME

ORIGINATOR <=

SPECIFIC IDENTIFICATION OF ADDRESSEE(S) AND / OR ORIGINATOR

3 MESSAGE TYPE <=(FPL

7 AIRCRAFT IDENTIFICATION —

8 FLIGHT RULES —

TYPE OF FLIGHT — <=

9 NUMBER —

TYPE OF AIRCRAFT

WAKE TURBULENCE CAT. /

10 EQUIPMENT — / <=

13 DEPARTURE AERODROME —

TIME <=

15 CRUISING SPEED —

LEVEL

ROUTE

<=

16 DESTINATION AERODROME

TOTAL EET HR MIN

ALTN AERODROME

2ND ALTN AERODROME <=

18 OTHER INFORMATION —

<=

SUPPLEMENTARY INFORMATION (NOT TO BE TRANSMITTED IN FPL MESSAGES)

19 ENDURANCE HR MIN

—E/

PERSONS ON BOARD P/

EMERGENCY RADIO UHF VHF ELBA R/

SURVIVAL EQUIPMENT / POLAR DESERT MARITIME JUNGLE

JACKETS / LIGHT FLUORES UH F VHF

DINGHIES NUMBER CAPACITY COVER COLOR

D / <=

AIRCRAFT COLOR AND MARKINGS

A/

REMARKS

N / <=

PILOT-IN-COMMAND

C/)<=

FILED BY

ACCEPTED BY

ADDITIONAL INFORMATION

U S Department of Transportation
Federal Aviation Administration

International Flight Plan

PRIORITY: <=FF
ADDRESSEE(S): <=

FILING TIME | ORIGINATOR <=

SPECIFIC IDENTIFICATION OF ADDRESSEE(S) AND / OR ORIGINATOR

3 MESSAGE TYPE: <=(FPL — 7 AIRCRAFT IDENTIFICATION: MN0510 — 8 FLIGHT RULES: V — TYPE OF FLIGHT: G <=

9 NUMBER: — TYPE OF AIRCRAFT: C182 — WAKE TURBULENCE CAT.: / L — 10 EQUIPMENT: S/C <=

13 DEPARTURE AERODROME: — SACO — TIME: 1100 <=

15 CRUISING SPEED: N120 — LEVEL: M0150 — ROUTE: DCT CBA17045

<=

16 DESTINATION AERODROME: ZZZZ — TOTAL EET HR MIN: 0025 — ALTN AERODROME: SACO — 2ND ALTN AERODROME: <=

18 OTHER INFORMATION: — DEST/ ESTANCIA "OLGA" CBA170 45 NM

<=

SUPPLEMENTARY INFORMATION (NOT TO BE TRANSMITTED IN FPL MESSAGES)

19 ENDURANCE HR MIN: — E/ 0500 — PERSONS ON BOARD: P/ 004 — EMERGENCY RADIO: R/ UHF X, VHF, ELBA X

SURVIVAL EQUIPMENT: X / POLAR X, DESERT X, MARITIME X, JUNGLE X

JACKETS: X / LIGHT X, FLUORES X, UHF X, VHF X

DINGHIES: X D / NUMBER, CAPACITY, COVER, COLOR <=

AIRCRAFT COLOR AND MARKINGS: A/ AERONAVE BLANCA Y ROJA

REMARKS: X N / <=

PILOT-IN-COMMAND: C/ JOSE ENRIQUE)<=

FILED BY	ACCEPTED BY	ADDITIONAL INFORMATION
JOSE ENRIQUE		

U S Department of Transportation
Federal Aviation Administration

International Flight Plan

PRIORITY: <=FF

ADDRESSEE(S) <=

FILING TIME | ORIGINATOR <=

SPECIFIC IDENTIFICATION OF ADDRESSEE(S) AND / OR ORIGINATOR

3 MESSAGE TYPE	7 AIRCRAFT IDENTIFICATION	8 FLIGHT RULES	TYPE OF FLIGHT	
<=(FPL	— MN0510	— V	— G	<=

9 NUMBER	TYPE OF AIRCRAFT	WAKE TURBULENCE CAT.	10 EQUIPMENT	
—	C182	/ L	— S/C	<=

13 DEPARTURE AERODROME	TIME	
— ZZZZ	1500	<=

15 CRUISING SPEED	LEVEL	ROUTE
— N120	M0150	DCT SACO

<=

16 DESTINATION AERODROME	TOTAL EET HR MIN	ALTN AERODROME	2ND ALTN AERODROME	
SACO	0025	ZZZZ		<=

18 OTHER INFORMATION

— DEPT/ ESTANCIA "OLGA" CBA170 45 NM
ALTN/ ESTANCIA "OLGA" CBA170 45 NM
DOF/ fecha del vuelo 15 de septiembre

<=

SUPPLEMENTARY INFORMATION (NOT TO BE TRANSMITTED IN FPL MESSAGES)

19 ENDURANCE HR MIN: — E/ 0500

PERSONS ON BOARD: P/ 001

EMERGENCY RADIO: R/ UHF X, VHF , ELBA X

SURVIVAL EQUIPMENT: X / POLAR X, DESERT X, MARITIME X, JUNGLE X

JACKETS: X / LIGHT X, FLUORES X, UH X, VHF X

DINGHIES: NUMBER CAPACITY COVER COLOR
X D / <=

AIRCRAFT COLOR AND MARKINGS: A/ AERONAVE BLANCA Y ROJA

REMARKS: X N / <=

PILOT-IN-COMMAND: C/ JOSE ENRIQUE)<=

FILED BY	ACCEPTED BY	ADDITIONAL INFORMATION
JOSE ENRIQUE		

La primera sección del plan comienza con la matrícula, sigue con las reglas de vuelo visual y el tipo de vuelo general. Debajo la designación del tipo de aeronave, la categoría de estela turbulenta ligera y el equipamiento estándar con transponder modo Charlie.

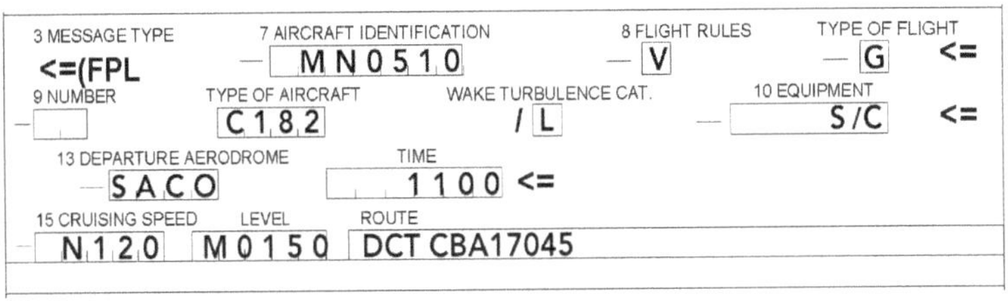
3 MESSAGE TYPE — 7 AIRCRAFT IDENTIFICATION — 8 FLIGHT RULES — TYPE OF FLIGHT
<=(FPL — MN0510 — V — G <=
9 NUMBER — TYPE OF AIRCRAFT — WAKE TURBULENCE CAT. — 10 EQUIPMENT
— C182 / L — S/C <=
13 DEPARTURE AERODROME — TIME
— SACO 1100 <=
15 CRUISING SPEED — LEVEL — ROUTE
— N120 M0150 DCT CBA17045

Según la información del vuelo, se prevé despegar del aeropuerto de Córdoba a las 08 am hora local. En hora UTC se declara, 11:00. Recuerda que en Argentina la hora UTC es la hora local + 3hs. El piloto declaró una velocidad de 120 nudos y una altitud de 1500 metros.

Recuerda que al declarar en esta unidad de medida, se deben expresar en decenas de metros. En este caso con la letra M a informando 150 decenas que equivalen a 1500 metros. La descripción de la ruta indica un vuelo directo hacia una posición determinada.

En este caso la ubicación de la distancia en el radial 170 del VOR de Córdoba a 45 millas.

La segunda sección continúa con la declaración del destino. En este caso ZZZZ, y posteriormente se aclarará el lugar en texto claro.

16 DESTINATION AERODROME — TOTAL EET HR MIN — ALTN AERODROME — 2ND ALTN AERODROME
ZZZZ 0025 SACO <=
18 OTHER INFORMATION
— DEST/ ESTANCIA "OLGA" CBA170 45 NM

El tiempo de vuelo provisto es de 25 minutos, desde el despegue hasta el aterrizaje, y se ha declarado al aeropuerto de origen como alternativa destino. En la casilla 18 aparece el código DEST/ a qué hora toque el nombre del destino es la estancia “Olga” y que su ubicación es el radial 170 de Córdoba a 45 millas.

Ya en la sección final, se declara la autonomía de cinco horas de vuelo, cuatro personas a bordo, un equipo VHF instalado, color y marca de la nave y el nombre del piloto al mando.

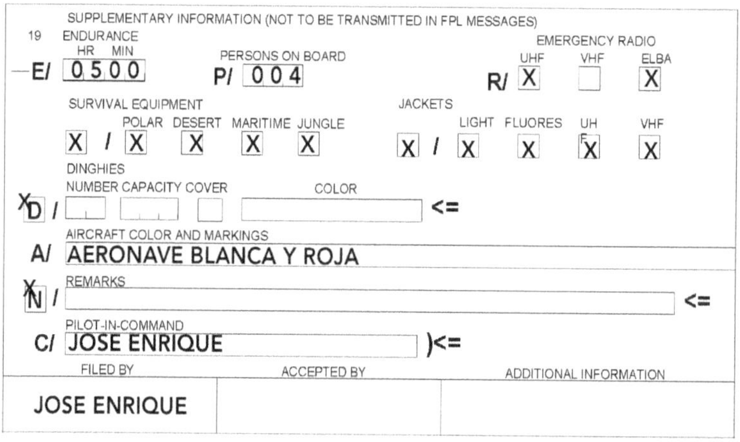
SUPPLEMENTARY INFORMATION (NOT TO BE TRANSMITTED IN FPL MESSAGES)

19 ENDURANCE HR MIN — E/ 0500 PERSONS ON BOARD P/ 004 EMERGENCY RADIO UHF VHF ELBA R/ X X

SURVIVAL EQUIPMENT POLAR DESERT MARITIME JUNGLE X / X X X X

JACKETS LIGHT FLUORES UH VHF X / X X X X

DINGHIES NUMBER CAPACITY COVER COLOR X D / <=

AIRCRAFT COLOR AND MARKINGS A/ AERONAVE BLANCA Y ROJA

REMARKS X N / <=

PILOT-IN-COMMAND C/ JOSE ENRIQUE)<=

FILED BY: JOSE ENRIQUE — ACCEPTED BY — ADDITIONAL INFORMATION

Hasta aquí el plan de vuelo para el primer tramo de este día. Pero en este caso, el piloto ha presentado un segundo plan de vuelo para el día siguiente, momento en el cual regresara desde la distancia hacia la ciudad de Córdoba.

La primera sección del plan comienza similar al formulario anterior, declara la matrícula de la nave, las reglas de vuelo visual, el tipo de vuelo general, el mismo modelo de avión, categoría de estela turbulenta ligera, equipamiento estándar con transponder modo Charlie, y en la casilla de aeropuerto de salida se declara ZZZZ, ya que la estancia no cuenta con un designador OACI. El vuelo está previsto para las 12 am hora local, considerando la misma velocidad y la misma altitud que el día anterior, y describiendo una ruta directa hacia el aeropuerto de Córdoba.

3 MESSAGE TYPE	7 AIRCRAFT IDENTIFICATION	8 FLIGHT RULES	TYPE OF FLIGHT	
<=(FPL	— MN0510	— V	— G	<=
9 NUMBER	TYPE OF AIRCRAFT	WAKE TURBULENCE CAT.	10 EQUIPMENT	
—	C182	/ L	— S/C	<=
13 DEPARTURE AERODROME	TIME			
— ZZZZ	1500 <=			
15 CRUISING SPEED	LEVEL	ROUTE		
— N120	M0150	DCT SACO		

En la segunda sección se declara la sigla OACI del aeropuerto de destino, el tiempo de vuelo de 25 minutos y una alternativa por ser un vuelo VFR. En este caso ZZZZ.

16 DESTINATION AERODROME	TOTAL EET HR MIN	ALTN AERODROME	2ND ALTN AERODROME	
SACO	0025	ZZZZ		<=

18 OTHER INFORMATION

— DEPT/ ESTANCIA "OLGA" CBA170 45 NM
ALTN/ ESTANCIA "OLGA" CBA170 45 NM
DOF/ fecha del vuelo 15 de septiembre <=

En la casilla 18 aparecen los códigos DEPT/, ALTN/ y DOF/. Aquí se aclara que el aeródromo de salida es la estancia "Olga" junto con su ubicación; junto con la aclaración del aeródromo de alternativa con el mismo lugar.

Adicionalmente se aclara que se trata de un plan de vuelo diferido y que la fecha del vuelo será al día siguiente, el 15 de septiembre.

En la última sección de información suplementaria, se declara una autonomía de cinco horas de vuelo, y una sola persona a bordo, ya que los pasajeros tenían previsto quedarse en el campo por una semana . la aeronave sólo cuenta con un equipo VHF, es de color blanca y roja y el nombre del piloto armando coincide con el nombre de quien ha presentado el plan.

SUPPLEMENTARY INFORMATION (NOT TO BE TRANSMITTED IN FPL MESSAGES)

19 ENDURANCE HR MIN — E/ 0500 PERSONS ON BOARD P/ 001 EMERGENCY RADIO UHF VHF ELBA R/ X ☐ X

SURVIVAL EQUIPMENT POLAR DESERT MARITIME JUNGLE X / X X X X JACKETS LIGHT FLUORES UH F VHF X / X X X X

DINGHIES NUMBER CAPACITY COVER COLOR X D / ☐ ☐ ☐ ☐ <=

AIRCRAFT COLOR AND MARKINGS A/ AERONAVE BLANCA Y ROJA

REMARKS X N / ☐ <=

PILOT-IN-COMMAND C/ JOSE ENRIQUE)<=

FILED BY	ACCEPTED BY	ADDITIONAL INFORMATION
JOSE ENRIQUE		

Maniobras Básica

Definimos "Navegación Aérea" como el conjunto de técnicas que permiten al piloto poder llevar un avión desde un origen hacia un destino, habiendo calculado todas las variables que intervienen.

104.- La maniobra de "eses" sobre un camino se inicia:

A. En un punto paralelo a la referencia.
B. En un punto perpendicular a la referencia.
C. En cualquier punto, considerando el efecto del viento.

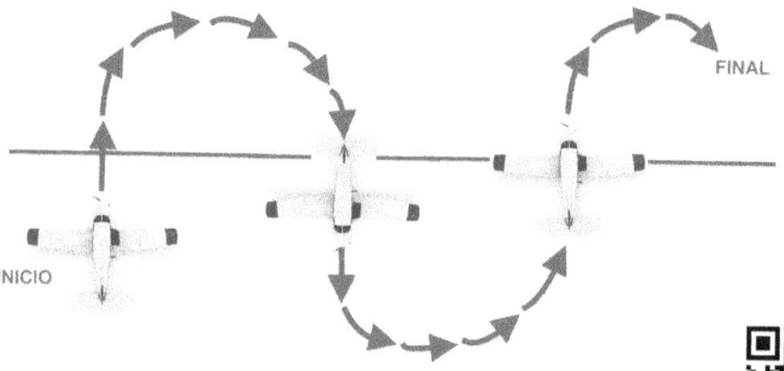

Escanea este código QR con tu Smartphone o Tablet para ver el video explicativo de esta maniobra en nuestro canal de YouTube.

105.- La maniobra de "ochos" sobre dos puntos se inicia:

A. A un costado de las dos referencias.
B. Entre medio de las dos referencias.
C. En cualquier punto, considerando el efecto del viento.

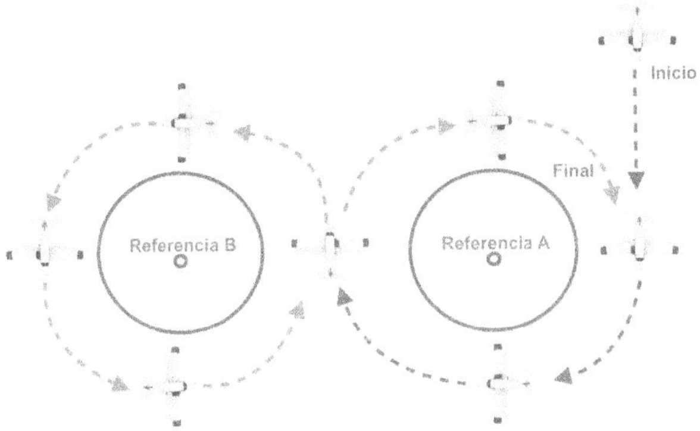

Escanea este código QR con tu Smartphone o Tablet para ver el video explicativo de esta maniobra en nuestro canal de YouTube.

106.- La corrección de deriva se realiza

A. Modificando el curso de la aeronave.
B. Modificando la trayectoria de vuelo.
C. Modificando el rumbo de la aeronave.

107.- Una aproximación de 90° comienza:

A. Perpendicular a la pista.
B. Paralelo a la pista.
C. Ambas son correctas pero siempre a favor el viento.

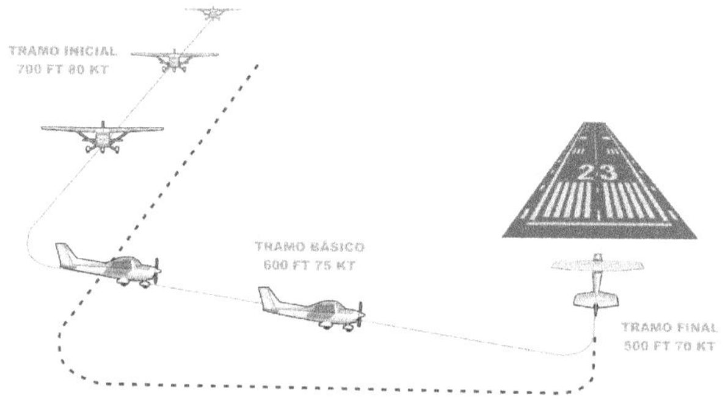

Escanea este código QR con tu Smartphone o Tablet para ver el video explicativo de esta maniobra en nuestro canal de YouTube.

108.- Una aproximación de 360° comienza:

A. Perpendicular a la pista.
B. Paralelo a la pista.
C. Ambas son correctas pero siempre a favor el viento.

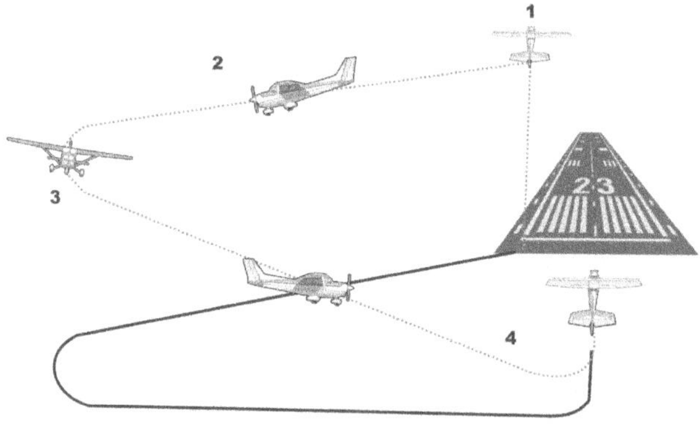

Escanea este código QR con tu Smartphone o Tablet para ver el video explicativo de esta maniobra en nuestro canal de YouTube.

109.- En un aterrizaje normal, la potencia se educe al mínimo:

A. En la aproximación final, con la pista a la vista.
B. Una vez que la aeronave está sobre la pista.
C. En cualquier tamo del circuito de tránsito.

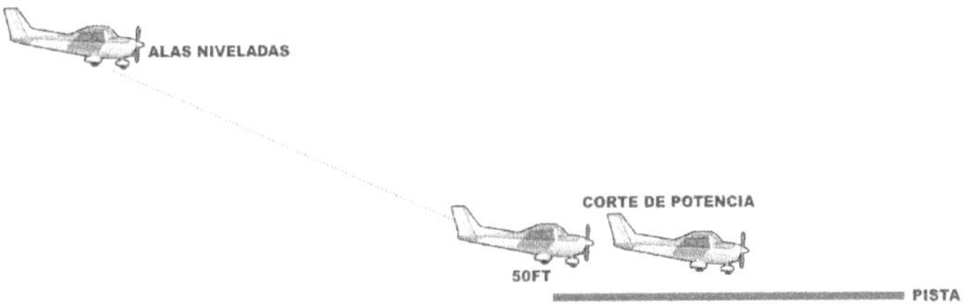

110.- Para realizar un procedimiento de aproximación frustrada, el piloto debe:

A. Cambiar la actitud del avión y ascender.
B. Cambiar la actitud del avión, aplicar potencia y ascender.
C. Aplicar potencia, cambiar la actitud del avión y ascender.

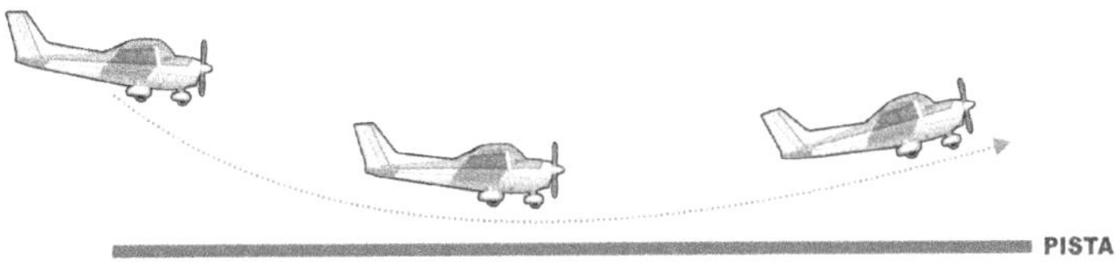

¡Buen trabajo capitán! Has logrado superar estas 110 preguntas indispensables para tu licencia de piloto privado de avión. Recuerda que el piloto de la aeronave debe poseer una gran cantidad de conocimientos sobre diferentes capos temáticos. Estos conocimientos teóricos, que quizás hoy te parezcas extraños, en un futuro cercano te resultarán de mucha ayuda. No lo olvides, "el saber no ocupa lugar".

Respuestas Correctas

01. **(B)**
02. **(C)**
03. **(A)**
04. **(B)**
05. **(B)**
06. **(A)**
07. **(C)**
08. **(B)**
09. **(C)**
10. **(B)**
11. **(B)**
12. **(B)**
13. **(B)**
14. **(A)**
15. **(C)**
16. **(C)**
17. **(A)**
18. **(C)**
19. **(C)**
20. **(A)**
21. **(C)**
22. **(B)**
23. **(A)**
24. **(B)**
25. **(A)**
26. **(B)**
27. **(A)**
28. **(C)**
29. **(C)**
30. **(B)**
31. **(B)**
32. **(C)**
33. **(C)**
34. **(A)**
35. **(B)**
36. **(A)**
37. **(B)**
38. **(B)**
39. **(B**
40. **(B)**
41. **(A)**
42. **(B)**
43. **(A)**
44. **(C)**
45. **(C)**
46. **(C)**
47. **(B)**
48. **(B)**
49. **(C)**
50. **(C)**
51. **(C)**
52. **(C)**
53. **(B)**
54. **(B)**
55. **(C)**
56. **(A)**
57. **(B)**
58. **(C)**
59. **(C)**
60. **(B)**
61. **(B)**
62. **(A)**
63. **(B)**
64. **(B)**
65. **(C)**
66. **(B)**
67. **(B)**
68. **(C)**
69. **(A)**
70. **(C)**
71. **(C)**
72. **(B)**
73. **(B)**
74. **(C)**
75. **(B)**
76. **(B)**
77. **(C)**
78. **(A)**
79. **(B)**
80. **(B)**
81. **(B)**
82. **(B)**
83. **(C)**
84. **(A)**
85. **(A)**
86. **(C)**
87. **(B)**
88. **(B)**
89. **(B)**
90. **(C)**
91. **(B)**
92. **(B)**
93. **(B)**
94. **(B)**
95. **(A)**
96. **(B)**
97. **(A)**
98. **(A)**
99. **(C)**
100. **(A)**
101. -
102. -
103. -
104. **(B)**
105. **(A)**
106. **(C)**
107. **(B)**
108. **(B)**
109. **(B)**
110. **(C)**

Capítulo 2

Examen de vuelo para PPA

Aviation Bookstore
aviation step by step

Introducción

Hola! Soy el Capitán Thomas y seré el encargado de evaluar tu vuelo a lo largo de este examen. Como es sabido, para cada licencia aeronáutica, es obligatorio dominar una determinada cantidad de procedimientos que garanticen la operación para la cual estarás habilitado. Comenzaremos por las maniobras mas simples e iremos transitándolas hasta llegar a las mas complejas.

Ante cada respuesta correcta pasaremos a la maniobra siguiente, y ante una respuesta errónea, nos detendremos por un momento a evaluar la situación. No acumules más de 2 errores, porque en el tercero vamos a tener que finalizar el examen. Te iré guiando paso a paso, y voy a recordarte la cantidad de errores que llevas hasta el momento de la siguiente manera:

¡Llevas 1 error!

Tenlo presente y continúa con cuidado en las maniobras siguientes.

De todos modos no te alarmes, podremos realizar el examen tantas veces como sean necesarias para que puedas aprobar con honores y avanzar en tu carrera aeronáutica!

¡***Recuerda:*** ante una respuesta incorrecta, existen dos posibilidades y el camino siguiente dependerá de la gravedad del error, siendo las siguientes opciones:

Detenernos a evaluar el error y continuar con la siguiente maniobra.

Volver a las maniobras anteriores para repetirlas y asimilar mejor los conceptos.

Así que presta atención, si crees que ya has leído una maniobra anteriormente, seguramente así sea, ya que has vuelto a esa maniobra por que tu respuesta fue incorrecta. Una vez que hayas aprobado tu examen práctico, te entregaré de tu licencia aeronáutica.

Sin demoras, iniciemos tu examen..

¡A volar!

Examen Piloto Privado de Avión . . . . Pagina 73

Piloto Privado de Avión

Iniciemos tu examen. Llegamos al hangar y es momento de preparar el avión para el vuelo. Los tanques de combustible están llenos, hemos realizado el briefing de lo que será el desarrollo de tu vuelo y hemos comprobado que las condiciones meteorológicas se mantendrán óptimas, por lo cual solo resta realizar el chequeo de la aeronave, abordar el avión y salir a volar. Para realizar tal tarea, lo que debo hacer es:

Opción 1: leer la lista de chequeo, identificar los ítem, guardar la lista y comenzar la inspección exterior de la aeronave. **Sigue en la página 72.**

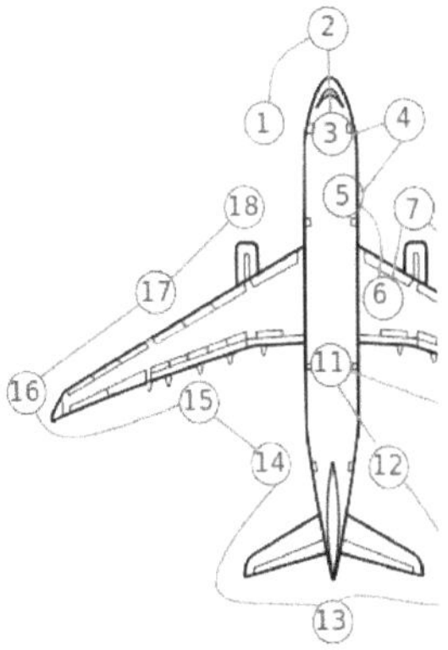

Opción 2: Leer la lista e identificar cada ítem al mismo tiempo que voy realizando la inspección exterior de la aeronave, siempre con la lista en la mano. **Sigue en la página 79.**

Opción 3: Realizar la inspección exterior en primera instancia ya que he leído la lista durante decenas de vuelos y ya conozco cada ítem. Por otra parte la lista fue detallada con anterioridad en el briefing. **Sigue en la página 76.**

Hagamos un "STOP"!

Respuesta Incorrecta! Este es tu primer error pero el examen recién comienza. Recuerda que el máximo permitido es de dos errores y al tercero finalizaremos, por lo que tendrás que esforzarte en el resto de las maniobras para poder aprobar y obtener tu licencia!

Rodar el avión es un procedimiento que suele ser realizarse sin respetar lo indicado por el fabricante. Lo cierto es que si debemos rodar nuestro avión ante una situacion de extremo viento de costado, el efecto seria el mismo que en vuelo, el viento podría generar un desplazamiento indeseado y apartarnos de nuestra trayectoria.

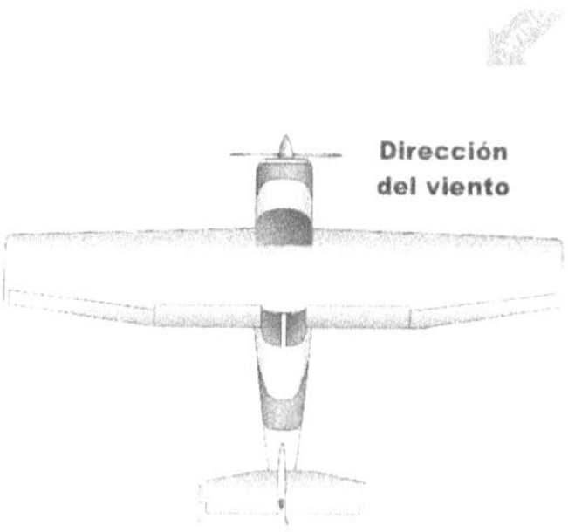

No es nuestro caso, pero imagina cuando vueles, por ejemplo, un A320 que por su gran tamaño volvería extremadamente compleja la operación, un mínimo desvío y quizás una de sus ruedas podría quedar fuera de la calle, generando un daño al tren de aterrizaje.

De todos modos, que esto nos sirva de lección! Ahora continuemos con tu examen. **Sigue en la página 78**

Un tropezón no es caída. Sigamos.

"Llevas 1 Error"

Conocer la inclinación de cada viraje es importante para realizar los giros de manera correcta. Ascendamos a 3000 FT y evaluemos las maniobras de "Pérdida". Muy bien hemos llegado a 3000 FT, reducimos la potencia, elevamos suavemente la nariz del avión y comienza la desaceleración. Llegando a la velocidad de pérdida de sustentación, la reconocemos y debemos iniciar la maniobra de "Recuperación de Perdida", realizando los siguientes pasos en el orden propuesto:

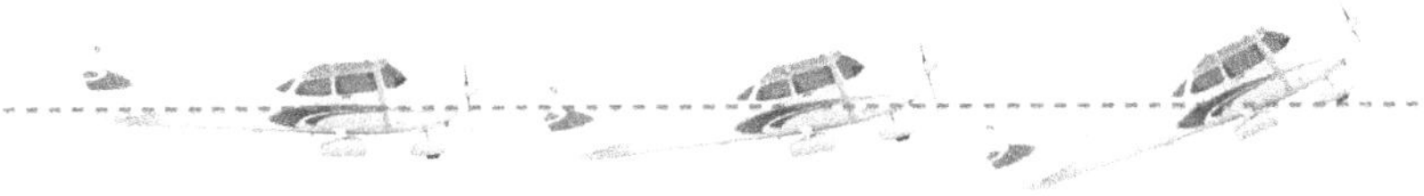

Opción 1: Aplicar potencia máxima para recuperar velocidad y reducir el ángulo de ataque de inmediato. ***Sigue en la* página *77.***

Opción 2: Reducir suavemente el ángulo de ataque de inmediato y aplicar potencia progresiva para recuperar la pérdida de velocidad y su sustentación. ***Sigue en la* página *136.***

Opción 3: Bajar la nariz del avión de inmediato, recuperar la velocidad, recuperar la velocidad por ángulo de ataque negativo y aplicar suavemente potencia mientras cambiamos a un ángulo de ataque positivo suavemente para recuperar la altitud. ***Sigue en la página 114***

Hagamos un "STOP"!

Respuesta Incorrecta! Este es tu primer error pero el examen recién comienza. Recuerda que el máximo permitido es de dos errores y al tercero finalizaremos, por lo que tendrás que esforzarte en el resto de las maniobras para poder aprobar y obtener tu licencia!

Los procedimientos de inspección exterior deben realizarse con la lista de chequeo en tu mano. Hoy vuelas una aeronave con escasos sistemas, pero cuando vueles una aeronave comercial de gran porte, serán muchos los ítems a verificar en tu inspección exterior, y por tal motivo sería fácil que omitas alguno si no tienes tu lista en la mano.

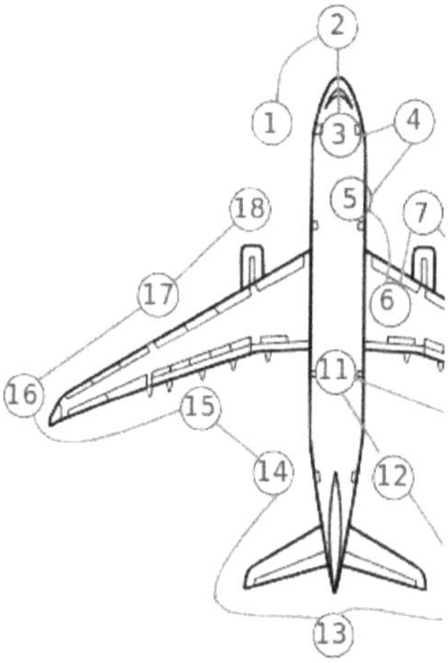

Ten en cuenta que una simple omisión de un chequeo tradicional como lo puede ser la verificación del libre movimiento de los alerones (ítem que figura en las listas), podría generar un accidente si salimos a volar sin haber notado que los alerones estaban trabados y no funcionaban!

Tu examen recién inicia, así que no te alarmes! De todos modos, que esto nos sirva de lección! Ahora continuemos con tu examen.

Sigue en la página 84

Excelente Respuesta!

Sincronizar el Giro con la brújula es primordial para volar los rumbos correctos! Bien hecho, despegado el avión! Hemos alcanzado los 1000FT, y es momento de mostrar algunas destrezas de pilotaje. Realicemos 3 virajes, uno suave, otro normal y otro escarpado. Para tales maniobras debemos:

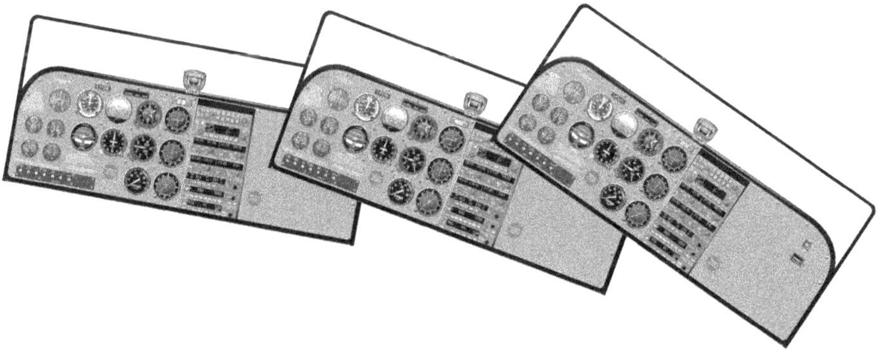

Opción 1: Inclinar el avión hacia un lado con 10°, 20° y 30°, respectivamente para cada viraje. **Sigue en la página 81**

Opción 2: Inclinar el avión hacia un lado con 15°, 30° y 45°, respectivamente para cada viraje. **Sigue en la página 93**

Opción 3: Inclinar el avión hacia un lado 10° o 15°, 20° o 30° y 30° o 45°, en función a la intensidad del viento, para evitar desplazamientos indeseados regulando tal inclinación en cada viraje. **Sigue en la página 85**

Continuemos con calma! "Llevas 1 Error"

Los rodajes con viento cruzado debes mantener la potencia constante e intentar bajar el ala del lado del viento. Ahora si, estamos listo para el despegue. Ubicamos nuestra aeronave sobre la pista 23 y el "Giro Direccional" indica rumbo 215°. Detrás de nuestro avión, hay otra aeronave situada en el punto de espera de la pista 23, aguardando para despegar por lo que necesitamos salir cuanto antes! En esta situación lo correcto será:

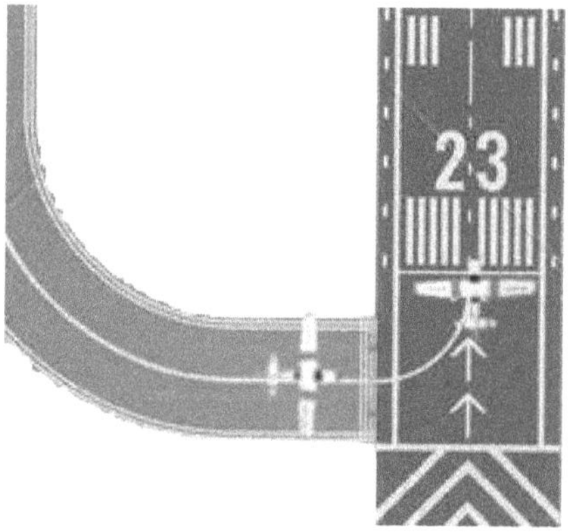

Opción 1: Iniciar la carrera de despegue de inmediato para liberar la pista. **Sigue en la página 73**

Opción 2: Despegar y mantener el rumbo de pista de 215° como indica el "Giro Direccional". **Sigue en la página 90**

Opción 3: Alinear el avión en la pista, calibrar el giro direccional con rumbo 230° e iniciar el despegue . **Sigue en la página 87**

Bien hecho!

Los procedimientos de inspección exterior siempre deben realizarse con la lista en tu mano! Muy bien, hemos encendido el motor de nuestro avión y estamos listos a rodar. Para tal procedimiento, el viento viene de frente parcialmente cruzado de la derecha. En una situación como esta, debemos realizar una corrección en los mandos de control para evitar un desplazamiento indeseado durante el rodaje. En este caso debemos:

Opción 1: Timón de profundidad neutral y comandos hacia la derecha. **Sigue en la página 85**

Opción 2: Timón de profundidad neutral y comandos hacia la izquierda. **Sigue en la página 74**

Opción 3: Timón de profundidad neutral y comandos centrados, pero con un leve incremento de la potencia para contra restar la fuerza ejercida por el viento. **Sigue en la página 73**

Respuesta Incorrecta!
Llevas 2 errores!

Lo siento! Tu respuesta ha sido incorrecta! Este es tu segundo error y aun no hemos llegado a la sexta maniobra. Has alcanzado el limite permitido. Los giros alrededor de un punto son muy importantes para entrenar tus capacidades de coordinación entre dos parámetros. la coordinación de mantener un giro coordinado y mantener la altura constante. No incorporar esta capacidad de coordinación, podría llevarte a una situación anormal de vuelo.

Recuerda que los errores, por pequeños que sean, pueden desencadenar un accidente, generando daños irreversibles. Continuaremos a partir de aquí con dos errores, pero no te alarmes, si realizas correctamente todas las maniobras restantes, tu examen estará APROBADO! Así que, animo! y sigue adelante!

"Recuerda que llevas 2 errores y es el limite permitido"

Es tu última oportunidad. APROVECHALA!

Vuelve a la página 110

Hagamos un "STOP"!

Respuesta Incorrecta! Este es tu primer error pero el examen recién comienza. Recuerda que el máximo permitido es de dos errores y al tercero finalizaremos, por lo que tendrás que esforzarte en el resto de las maniobras para poder aprobar y obtener tu licencia! Ten en cuenta que conocer la inclinación alar de un viraje podría salvarte la vida. Cuanto mas inclinamos el avión, mas afectada se ve la sustentación. Respetar los limites de cada viraje, es respetar un procedimiento que fue pensado para salvaguardar tu vida.

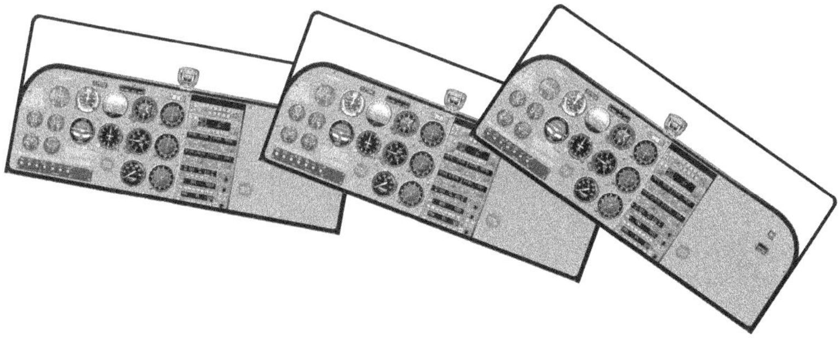

En ciertos aviones comerciales, existen protecciones de limitación de inclinación alar, las cuales permiten inclinar el avión hasta una cierta inclinación, para proteger la seguridad del vuelo. Nosotros por ahora vamos a tener que ser conscientes de esas limitaciones y respetarlas por seguridad.

De todos modos, que esto nos sirva de lección! Ahora continuemos con tu examen. **Sigue en la página 75**

Hagamos un "STOP"!

Respuesta Incorrecta! Este es tu primer error pero el examen recién comienza. Recuerda que el máximo permitido es de dos errores y al tercero finalizaremos, por lo que tendrás que esforzarte en el resto de las maniobras para poder aprobar y obtener tu licencia!

Previo a iniciar la carrera de despegue, existen tareas de suma importancia como finalizar el "Briefing de Despegue" antes de iniciar el mismo; observar la totalidad de la pista y la senda de ascenso para confirmar que este libre; realizar un chequeo final de todos los instrumentos antes de llevar el avion al aire y varias tareas mas que podrían agregarse dependiendo de la categoría de la aeronave. Previo a ello, existe el punto de espera antes de ingresar a la pista, y su finalidad es justamente "Esperar", a que la aeronave en pista termine con todo lo antes mencionado, a fin de garantizar la seguridad de la operación.

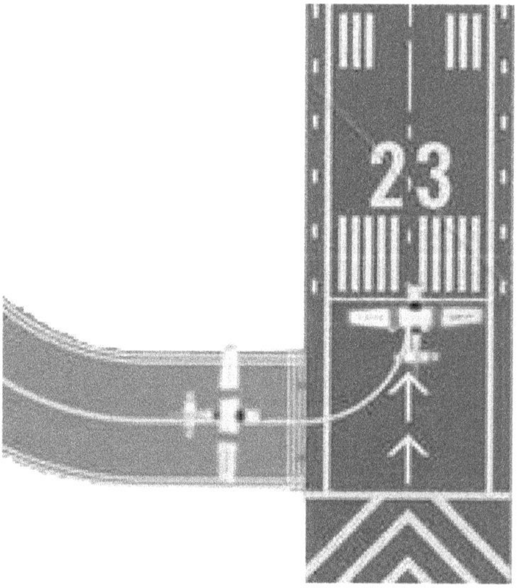

De todos modos, que esto nos sirva de lección! Ahora continuemos con tu examen. **Sigue en la página 87**

Hagamos un "STOP"!

Respuesta Incorrecta! Este es tu primer error pero el examen recién comienza. Recuerda que el máximo permitido es de dos errores y al tercero finalizaremos, por lo que tendrás que esforzarte en el resto de las maniobras para poder aprobar y obtener tu licencia. Entender la finalidad de una maniobra suele ser útil para entender su desarrollo. En el caso anterior, intentamos la maniobra de giros alrededor de una referencia. Esta maniobra busca practicar la coordinación de virajes a velocidad y altitud constante, sin perder de vista a la referencia. Si bien es una maniobra inicial, guarda cierta complejidad ya que intervienen varios valores a controlar.

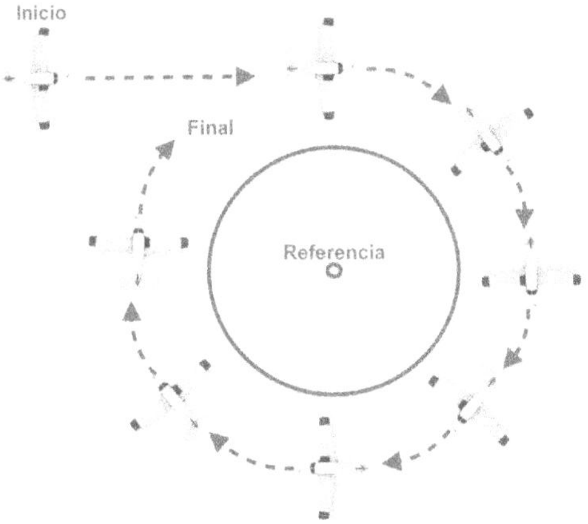

Ten en cuenta que esta maniobra siempre debe iniciar con viento de cola! Es de suma importancia que aprendamos a controlar los valores de inclinación alar, altitud y velocidad, todo al mismo tiempo. Ya que si perdemos uno de estos valores, el vuelo podría descontrolarse y generar una actitud indeseada o anormal.

De todos modos, que esto nos sirva de lección! Ahora continuemos con tu examen. **Sigue en la página 105**

Sigue Adelante!

"Llevas 1 Error"

No te alarmes que esto recién inicia! Ten en cuenta que los procedimientos de inspección exterior siempre deben realizarse con la lista en tu mano! Encendamos el motor e iniciamos el rodaje. Para tal procedimiento, el viento viene de frente parcialmente cruzado de la derecha. En un a situación como esta, debemos realizar una corrección en los mandos de control para evitar un desplazamiento indeseado durante el rodaje. En este caso debemos:

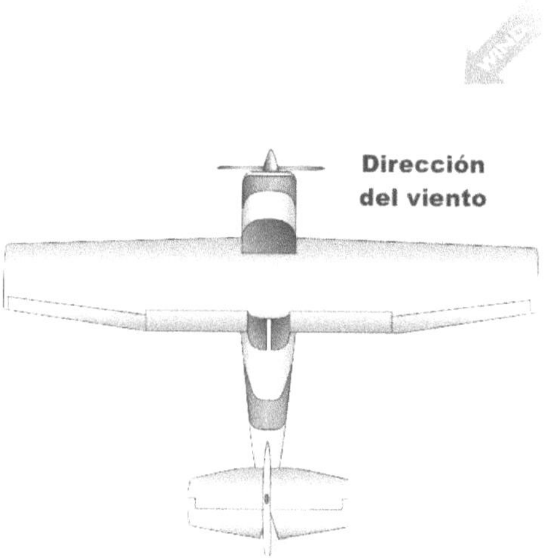

Opción 1: Timón de profundidad neutral y comandos hacia la derecha. **Sigue en la página 78**

Opción 2: Timón de profundidad neutral y comandos hacia la izquierda. **Sigue en la página 88**

Opción 3: Timón de profundidad neutral y comandos centrados, pero con un leve incremento de la potencia para contra restar la fuerza ejercida por el viento. **Sigue en la página 73**

Buen trabajo!

Excelente respuesta! Llevas dos aciertos y sin errores. Los rodajes con viento cruzado deben mantener la potencia constante e intentar bajar el ala del lado del viento. Ahora si estamos listo para el despegue. Ubicamos nuestra aeronave sobre la pista 23 y el "Giro Direccional" indica rumbo 215°. Detrás de nuestro avión, hay otra aeronave aguardando para despegar por lo que necesitamos salir cuanto antes! En esta situación lo correcto será:

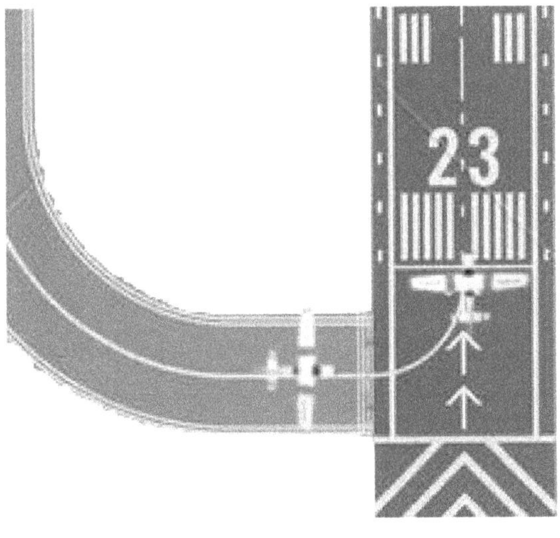

Opción 1: Iniciar la carrera de despegue de inmediato para liberar la pista. **Sigue en la página 79**

Opción 2: Despegar y mantener el rumbo de pista de 215° como indica el "Giro Direccional". **Sigue en la página 82**

Opción 3: Alinear el avión en la pista, calibrar el giro direccional con rumbo 230° e iniciar el despegue . **Sigue en la página 77**

Hagamos un “STOP”!

Respuesta Incorrecta! Este es tu primer error pero el examen recién comienza. Recuerda que el máximo permitido es de dos errores y al tercero finalizaremos, por lo que tendrás que esforzarte en el resto de las maniobras para poder aprobar y obtener tu licencia! Las prácticas de “Recuperación de Pérdida” son de vital importancia. Como pilotos no solo debemos saber reconocer una situacion de perdida de sustentación sino también, saber recuperar el avión de una situacion tan extrema.

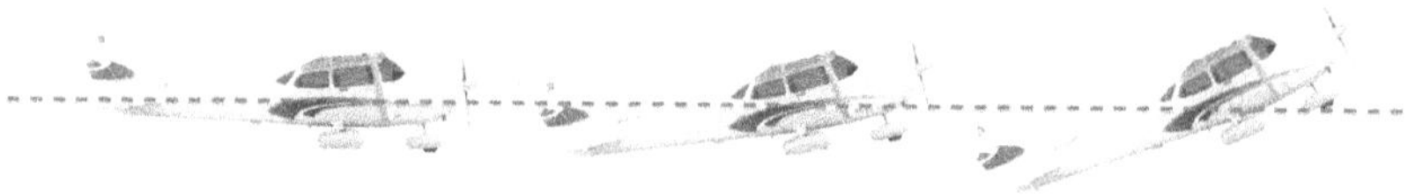

Recuerda que una aeronave “Entra en Pérdida” por EXCESIVO ÁNGULO DE ATAQUE! Lo que hace disminuir la velocidad y llegar a la perdida de sustentación! Siguiendo el orden anterior, primeramente debemos recuperar el ángulo de ataque y luego la velocidad, por tal motivo, ante una situacion de “Perdida”, la primera acción a tomar será reducir el ángulo de ataque bajando al nariz del avión, a causa de esta acción la velocidad se va a incrementar y por ultimo aplicar accionar la potencia para recuperar la senda de vuelo original!

De todos modos, que esto nos sirva de lección! Ahora continuemos con tu examen. **Sigue en la página 114**

Muy bien, continuemos!

"Llevas 1 Error"

Sincronizar el Giro con la brújula es primordial para volar los rumbos correctos! Es hora de despegar el avión! Hemos alcanzado los 1000FT, y es momento de mostrar algunas destrezas de pilotaje. Realicemos 3 virajes, uno suave, otro normal y otro escarpado. Para tales maniobras debemos:

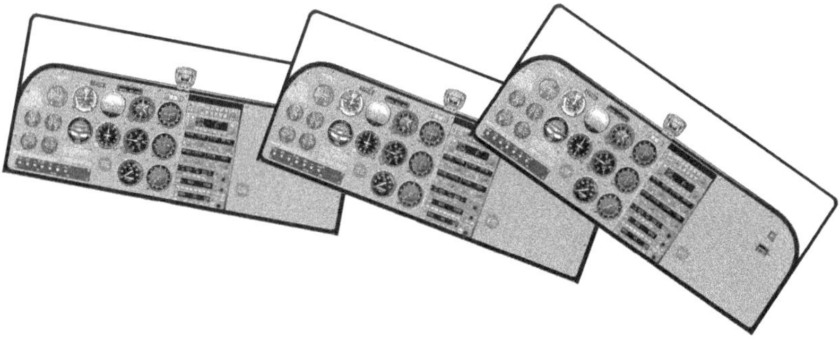

Opción 1: Inclinar el avión hacia un lado con 10°, 20° y 30°, respectivamente para cada viraje. **Sigue en la página 97**

Opción 2: Inclinar el avión hacia un lado con 15°, 30° y 45°, respectivamente para cada viraje. **Sigue en la página 75**

Opción 3: Inclinar el avión hacia un lado 10° o 15°, 20° o 30° y 30° o 45°, función a la intensidad del viento, para evitar desplazamientos indeseados regulando tal inclinación en cada viraje. **Sigue en la página 78**

Respuesta Incorrecta!
Llevas 2 errores!

Lo siento! Tu respuesta ha sido incorrecta! Este es tu segundo error y aun no hemos llegado a la tercera maniobra. Has alcanzado el limite permitido.

Es de suma importancia que comprendas la operación de rodaje con viento cruzado ya que podría afectar a la seguridad del vuelo. Quizás hoy no lo entiendas pero implementar este nivel de exigencias es una manera de ayudarte a que mejores y te capacites.

Recuerda que los errores, por pequeños que sean, pueden desencadenar un accidente, generando daños irreversibles. Continuaremos a partir de aquí con dos errores, pero no te alarmes, si realizas correctamente todas las maniobras restantes, tu examen estará APROBADO! Así que, animo! y sigue adelante!

"Recuerda que llevas 2 errores y es el limite permitido"

Es tu última oportunidad. APROVECHALA!

Vuelve a la página 92

Bien Hecho. Continua Así!

Una adecuada corrección de deriva ayuda a que tu trayectoria de vuelo continúe por el camino correcto. Continuemos con el vuelo, volvamos a ascender hasta 3000 FT. Una de las situaciones mas graves que podemos enfrentar es, sin dudas, la falla de motor.

Simulemos una emergencia de motor. Para esto, voy a reducir toda la potencia. ¿Listo? Ahí vamos!

"Ok, potencia reducida".
¿Que haremos ahora?

Opción 1: Primero adoptar la velocidad de planeo con las alas niveladas. Luego buscar el lugar mas apto para aterrizar de emergencia. **Sigue en la página 95**

Opción 2: Primero adoptar la velocidad de planeo con las alas niveladas. Luego buscar el lugar mas cercano para aterrizar de emergencia. **Sigue en la página 103**

Opción 3: Primero adoptar la velocidad de planeo e iniciar suavemente el descenso. Luego buscar el lugar mas apto y cercano para aterrizar de emergencia., **Sigue en la página 113**

Respuesta Incorrecta!
Llevas 2 errores!

Lo siento! Tu respuesta ha sido incorrecta! Este es tu segundo error y aun no hemos llegado a la cuarta maniobra. Has alcanzado el limite permitido. Es de suma importancia que comprendas el procedimiento correcto de despegue. La orientación de la pista indica el rumbo que debería seguir el avión al despegar de la misma. Si brújula indica un rumbo diferente, estaremos volando con una información errónea lo que podría generar una desorientación.

Recuerda que los errores, por pequeños que sean, pueden desencadenar un accidente, generando daños irreversibles. Continuaremos a partir de aquí con dos errores, pero no te alarmes, si realizas correctamente todas las maniobras restantes, tu examen estará APROBADO! Así que, animo! y sigue adelante!

"Recuerda que llevas 2 errores y es el limite permitido"

Es tu última oportunidad. APROVECHALA!

Vuelve a la página 94

Sigue Adelante!

"Llevas 2 Errores"

Una adecuada corrección de deriva ayuda a que tu trayectoria de vuelo continúe por el camino correcto. Continuemos con el vuelo, volvamos a ascender hasta 3000 FT. Una de las situaciones mas graves que podemos enfrentar es, sin dudas, la falla de motor. Simulemos una emergencia de motor. Para esto, voy a reducir toda la potencia. Listo? Ahí vamos!

"Ok, potencia reducida".

Que haremos ahora?

Opción 1: Primero adoptar la velocidad de planeo con las alas niveladas. Luego buscar el lugar mas apto para aterrizar de emergencia, intentando un reencendido. **Sigue en la pagina 110**

Opción 2: Primero adoptar la velocidad de planeo con las alas niveladas. Luego buscar el lugar mas cercano para aterrizar de emergencia, intentando un reencendido. **Sigue en la pagina 111**

Opción 3: Buscar la velocidad de planeo e iniciar el descenso. Luego buscar el lugar mas apto y cercano para aterrizar de emergencia, intentando un reencendido. **Sigue en la página 127**

Continuemos con calma!

"Llevas 2 Errores"

Los rodajes con viento cruzado deben mantener la potencia constante e intentar bajar el ala del lado del viento. Ahora si, estamos listo para el despegue. Ubicamos nuestra aeronave sobre la pista 23 y el "Giro Direccional" indica rumbo 215°. Detrás de nuestro avión, hay otra aeronave situada en el punto de espera de la pista 23, aguardando para despegar por lo que necesitamos salir cuanto antes! En esta situación lo correcto será:

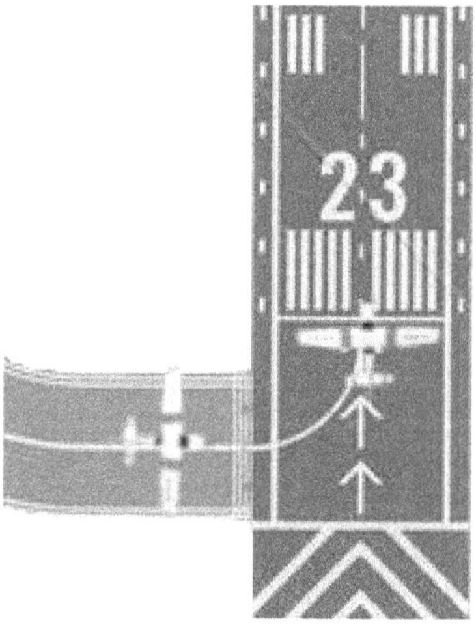

Opción 1: Iniciar la carrera de despegue de inmediato para liberar la pista. **Sigue en la página 111**

Opción 2: Despegar y mantener el rumbo de pista de 215° como indica el "Giro Direccional". **Sigue en la página 84**

Opción 3: Alinear el avión en la pista, calibrar el giro direccional con rumbo 230° e iniciar el despegue . **Sigue en la página 94**

Así se hace. Excelente!

Conocer la inclinación de cada viraje es importante para realizar los giros de manera correcta. Ascendamos a 3000 FT y evaluemos las maniobras de "Pérdida". Muy bien hemos llegado a 3000 FT, reducimos la potencia, elevamos suavemente la nariz del avión y comienza la desaceleración. Llegando a la velocidad de pérdida de sustentación, la reconocemos y debemos iniciar la maniobra de "Recuperación de Pérdida", para esto debemos realizar los siguientes pasos en el orden propuesto:

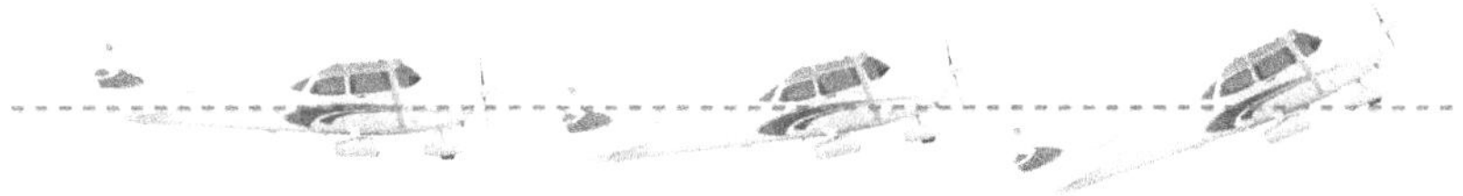

Opción 1: Aplicar potencia máxima para recuperar velocidad y reducir el ángulo de ataque de inmediato. ***Sigue en la* página *85***

Opción 2: Reducir suavemente el ángulo de ataque de inmediato y aplicar potencia progresiva para recuperar la perdida de velocidad y su sustentación. ***Sigue en la* página *86***

Opción 3: Bajar la nariz del avión de inmediato, recuperar la velocidad por ángulo de ataque negativo y aplicar suavemente potencia mientras cambiamos a un ángulo de ataque positivo suavemente para recuperar la altitud. ***Sigue en la* página *103***

Muy bien, continuemos!

"Llevas 2 Errores"

Sincronizar el Giro con la brújula es primordial para volar los rumbos correctos! Es hora de despegar el avión! Hemos alcanzado los 1000FT, y es momento de mostrar algunas destrezas de pilotaje. Realicemos 3 virajes, uno suave, otro normal y otro escarpado. Para tales maniobras debemos:

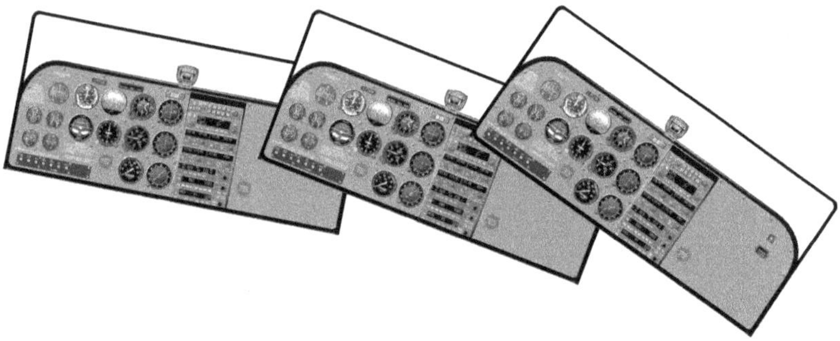

Opción 1: Inclinar el avión hacia un lado con 10°, 20° y 30°, respectivamente para cada viraje. ***Sigue en la* página *92***

Opción 2: Inclinar el avión hacia un lado con 15°, 30° y 45°, respectivamente para cada viraje. ***Sigue en la* página *104***

Opción 3: Inclinar el avión hacia un lado 10° o 15°, 20° o 30° y 30° o 45°, función a la intensidad del viento, para evitar desplazamientos indeseados regulando tal inclinación en cada viraje. ***Sigue en la* página *111***

Hagamos un "STOP"!

Respuesta Incorrecta! Este es tu primer error pero el examen recién comienza. Recuerda que el máximo permitido es de dos errores y al tercero finalizaremos, por lo que tendrás que esforzarte en el resto de las maniobras para poder aprobar y obtener tu licencia.

Te contare algo interesante sobre las emergencias por falla de motor, no son tan graves como todos creen! Recuerda que una aeronave vuela por tener velocidad y no por tener potencia, es decir, si el motor sufre una avería y se detiene, es inevitable que la velocidad no se pueda mantener, pero tendremos unos instantes para pensar serenamente los pasos a seguir.

Lo importante en estos casos será no tomar la decisión inmediata de iniciar el descenso, sino de hacerlo cuando realmente necesitemos ganar velocidad. El fabricante establece una velocidad de planeo y es la adecuada para estos casos. Si estamos por encima de ella al momento de la falla, podremos mantener la altitud hasta que la velocidad llegue a la especifica de planeo.

Esto nos dará unos segundos de "ventaja" para poder evaluar lo sucedido, intentar reencender el motor, buscar una zona apta para el aterrizaje o simplemente calmar nuestros nervios!

De todos modos, que esto nos sirva de lección! Ahora continuemos con tu examen. **Sigue en la página 116**

Así se hace. Excelente!

La maniobra de "Deslizamiento" nos permite descender, de manera controlada y a un mayor régimen pero sin aumentar la velocidad. Muy bien, muéstrame como debemos realizar un deslizamiento. Llevemos a cabo esta maniobra y descendamos hasta los 1500 FT. Luego volveremos a la pista para practicar unas aproximaciones. Realizaremos el deslizamiento de la siguiente forma:

Opción 1: Inclinar el ala hacia el lado para donde sopla el viento. Presionar el pedal del lado opuesto y controlar el descenso a velocidad constante **Sigue en la página 89**

Opción 2: Inclinar el ala hacia un lado, sin importar la dirección del viento. Presionar el pedal del lado opuesto y buscar el mayor descenso a velocidad constante **Sigue en la página 126**

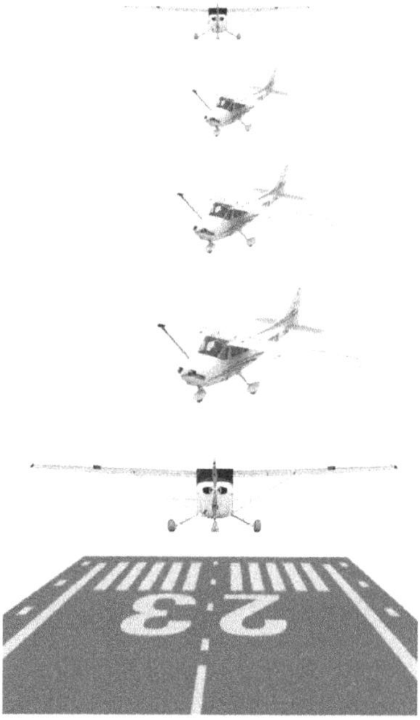

Opción 3: Inclinar el ala hacia el lado desde donde proviene el viento. Presionar el pedal del lado opuesto y controlar el descenso a velocidad constante. **Sigue en la página 102**

Respuesta Incorrecta!
Llevas 2 errores!

Lo siento! Tu respuesta ha sido incorrecta! Este es tu segundo error y aun no hemos llegado a la quinta maniobra. Has alcanzado el limite permitido. Dominar los virajes coordinados es fundamental para un buen pilotaje de nuestra aeronave. Debemos conocer la inclinación de cada viraje pera respetar las limitaciones de nuestro avión. Superar la inclinación máxima de un viraje, podría causar que el avión pierda sustentación y comience a caer!

Recuerda que los errores, por pequeños que sean, pueden desencadenar un accidente, generando daños irreversibles. Continuaremos a partir de aquí con dos errores, pero no te alarmes, si realizas correctamente todas las maniobras restantes, tu examen estará APROBADO! Así que, animo! y sigue adelante!

"Recuerda que llevas 2 errores y es el limite permitido"

Es tu última oportunidad. APROVECHALA!

Vuelve a la página 104

Excelente Respuesta!

"Llevas 1 Error"

Bien hecho. Llegamos al tramo FINAL de la pista 04. Esta etapa es la de mayor precisión por la cercanía al terreno durante el ultimo descenso, así que TEN CUIDADO. Continuamos el descenso, cruzamos los 200 FT, observamos el velocímetro y la velocidad se mantiene bajo control pero al levanta levantar la vista, vemos que la pista 04 se encuentra bastante desplazada a nuestra izquierda aunque sigamos volando con rumbo 040°. El efecto del viento nos ha jugado una mala pasada, por tal motivo debemos:

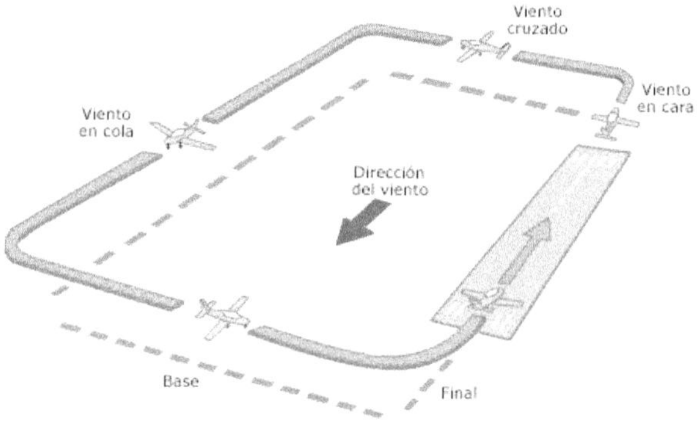

Opción 1: Mantener rumbo 040° y realizar una aproximación frustrada. ***Sigue en la* página *123***

Opción 2: Abandonar el rumbo 040° y adoptar un nuevo rumbo que nos lleve a la pista para continuar con el aterrizaje, pero manteniendo la velocidad. ***Sigue en la* página *119***

Opción 3: Detener el descenso hasta conseguir tener al pista al frente corrigiendo el rumbo, luego continuar con el descenso y aterrizaje en la pista 04. ***Sigue en la* página *101***

Así se Hace!

Excelente respuesta! Llevas seis aciertos y sin errores. Una vez finalizada la maniobra anterior, continuamos volando recto y nivelado con una referencia al frente, intentando mantener la altitud y velocidad constante. Luego de unos segundos notamos que nuestra referencia ya no está al frente sino ligeramente corrida a la izquierda:

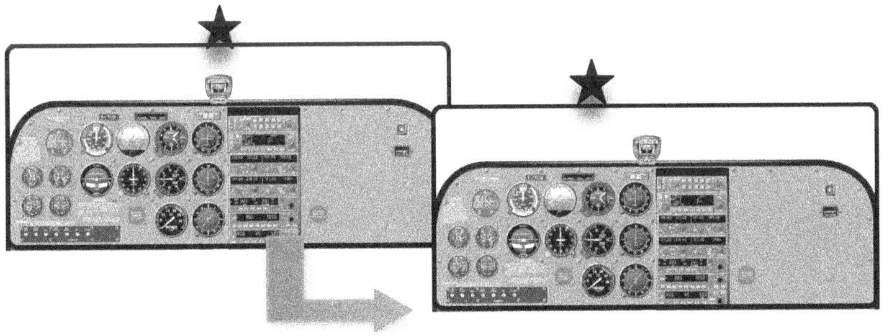

La acción del viento está generando un desplazamiento indeseado. Para esto debemos:

Opción 1: Ejercer presión sobre el pedal derecho para corregir la deriva generada por el viento. **Sigue en la página 124**

Opción 2: Corregir el rumbo hacia la izquierda, lo suficiente para mantener la referencia al frente. **Sigue en la página 89**

Opción 3: Mantener el rumbo actual, incrementando la potencia para lograr vencer la fuerza del viento que genera el desplazamiento indeseado o deriva. **Sigue en la página 93**

Así se hace!

Excelente decisión. Ante cualquier situación que ponga en riesgo el aterrizaje, debemos realizar una aproximación frustrada. Ahora bien, la decisión esta tomada! Descartemos la posibilidad de aterrizar y desarrollemos esta maniobra. Muéstrame como lo hacen los profesionales!

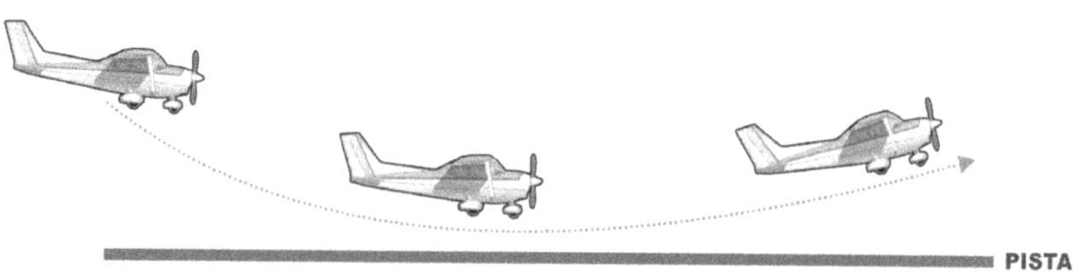

Opción 1: En primera instancia, retraer los Flaps gradualmente, accionar toda la potencia e iniciar el ascenso de inmediato. ***Sigue en la* página *102***

Opción 2: Detener el descenso. Accionar toda la potencia disponible e iniciar el ascenso. Al alcanzar una altitud de seguridad, retraer los Flaps. ***Sigue en la* página *144***

Opción 3: Accionar toda la potencia disponible. Iniciar un ascenso inmediato con las alas niveladas y retraer los Flaps gradualmente. ***Sigue en la* página *141***

Una maniobra compleja!

"Llevas 1 Error"

La maniobra de "Deslizamiento" nos permite descender, de manera controlada y a un mayor régimen pero sin aumentar la velocidad. Muy bien, muéstrame como debemos realizar un deslizamiento. Llevemos a cabo esta maniobra y descendamos hasta los 1500 FT. Luego volveremos a la pista para practicar unas aproximaciones. Realizaremos el deslizamiento de la siguiente forma:

Opción 1: Inclinar el ala hacia el lado para donde sopla el viento. Presionar el pedal del lado opuesto y controlar el descenso a velocidad constante **Sigue en la página 116**

Opción 2: Inclinar el ala hacia un lado, sin importar la dirección del viento. Presionar el pedal del lado opuesto y buscar el mayor descenso a velocidad constante **Sigue en la página 139**

Opción 3: Inclinar el ala hacia el lado desde donde proviene el viento. Presionar el pedal del lado opuesto y controlar el descenso a velocidad constante. **Sigue en la página 106**

Buen Trabajo!

Excelente respuesta! Volvamos ahora, a la pista y practiquemos algunas aproximaciones. Recuerda que debemos respetar el circuito de transito en cada aproximación. Descendamos hasta los 500FT. Tenemos la pista justo al frente, perpendicular a nuestra trayectoria de vuelo. Debemos incorporarnos al tramo inicial de la pista 04 para realizar una aproximación tradicional de 90°.

Para ello:

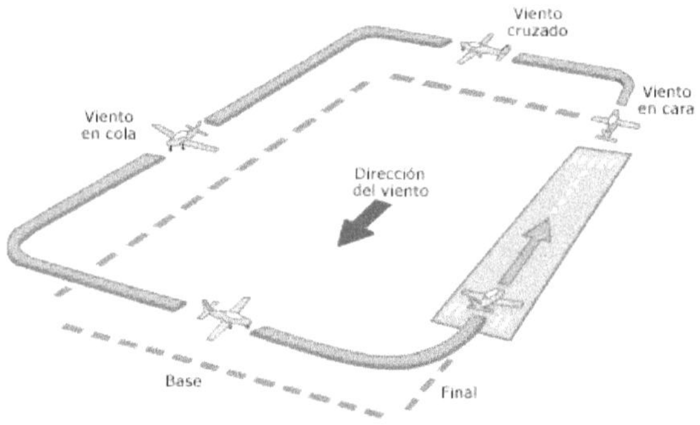

Opción 1: Reducimos la velocidad a la recomendada por el fabricante e iniciamos al tramo inicial en cualquier sector del mismo pero volando con rumbo 220°. ***Sigue en la* página *130***

Opción 2: Debemos reducir la velocidad e incorporarnos al tramo inicial al pasar lateral a la pista 22 y volando con rumbo 220°, sin variar la altitud en todo el tramo. ***Sigue en la* página *115***

Opción 3: Debemos reducir la velocidad e incorporarnos al tramo inicial al pasar lateral a la pista 04, volando con rumbo 220° y buscando un descenso adecuado para el tramo inicial, según indique el patrón de transito local. ***Sigue en la* página *113***

Excelente Respuesta!

Una vez recuperada la "perdida", continuemos con la maniobra siguiente. Elijamos una referencia y realicemos "Giros alrededor de un Punto". En nuestra zona de vuelo, el viento sopla intensamente y proviene desde el norte. Actualmente estamos volando con rumbo 220°, ya has elegido una referencia para la maniobra. El paso siguiente será:

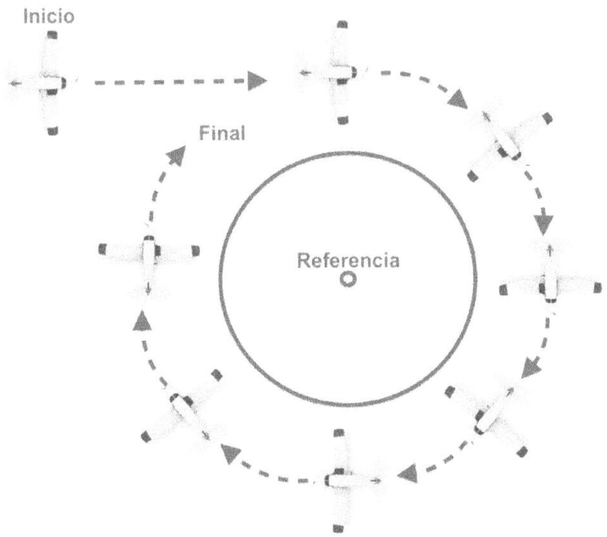

Opción 1: Mantener el rumbo hasta pasar lateral a la referencia elegida, manteniendo la altitud e iniciar la maniobra. **Sigue en la página 99**

Opción 2: Virar hacia el rumbo 360° y al volar lateral a la referencia, iniciar la maniobra. **Sigue en la página 83**

Opción 3: Virar al rumbo 180° y al volar lateral a la referencia, iniciar la maniobra. **Sigue en la página 77**

Un tropezón no es caída! Sigamos.

"Llevas 2 Errores"

Conocer la inclinación de cada viraje es importante para realizar los giros de manera correcta. Ascendamos a 3000 FT y evaluemos las maniobras de "Pérdida". Muy bien, hemos llegado a 3000 FT, reducimos la potencia, elevamos suavemente la nariz del avión y comienza la desaceleración. Llegando a la velocidad de pérdida de sustentación, la reconocemos y debemos iniciar la maniobra de "Recuperación de Perdida", realizando los siguientes pasos en el orden propuesto:

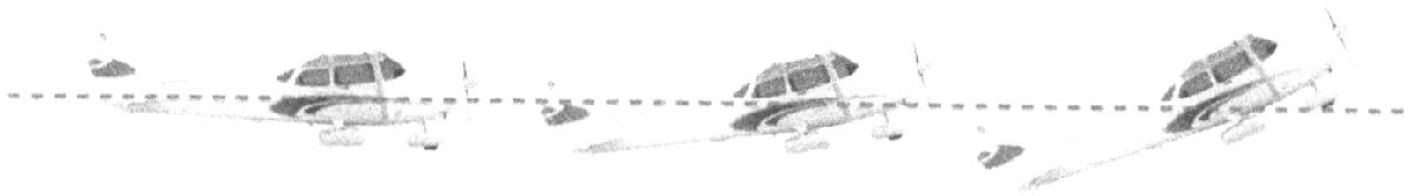

Opción 1: Aplicar potencia máxima para recuperar velocidad y reducir el ángulo de ataque de inmediato. **Sigue en la página 94**

Opción 2: Reducir suavemente el ángulo de ataque de inmediato y aplicar potencia progresiva para recuperar la perdida de velocidad y su sustentación. **Sigue en la página 111**

Opción 3: Bajar la nariz del avión de inmediato, recuperar la velocidad, recuperar la velocidad por ángulo de ataque negativo y aplicar suavemente potencia mientras cambiamos a un ángulo de ataque positivo suavemente para recuperar la altitud. **Sigue en la página 108**

Si necesitas un descanso, dímelo!

"Llevas 1 Error"

Recuerda que la maniobra anterior se inicia con viento de cola. Una vez finalizada la maniobra anterior, continuamos volando recto y nivelado con una referencia al frente, intentando mantener la altitud y velocidad constante. Luego de unos segundos notamos que nuestra referencia ya no esta al frente sino ligeramente corrida a la izquierda:

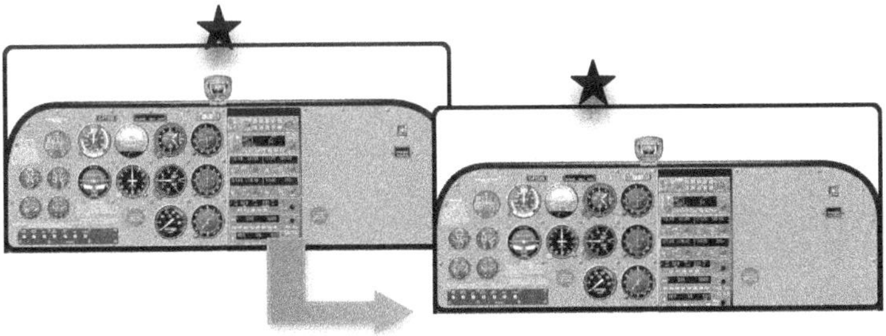

La acción del viento esta generando un desplazamiento indeseado. Para esto debemos:

Opción 1: Ejercer presión sobre el pedal derecho para corregir la deriva generada por el viento. ***Sigue en la* página *114***

Opción 2: Corregir el rumbo hacia la izquierda, lo suficiente para mantener la referencia al frente. ***Sigue en la* página *112***

Opción 3: Mantener el rumbo actual, incrementando la potencia para lograr vencer la fuerza del viento que genera el desplazamiento indeseado o deriva. ***Sigue en la* página *118***

Muy Bien. Continuemos!

"Llevas 1 Error"

Excelente respuesta! Volvamos ahora, a la pista y practiquemos algunas aproximaciones. Recuerda que debemos respetar el circuito de transito en cada aproximación. Descendamos hasta los 500FT. Tenemos la pista justo al frente, perpendicular a nuestra trayectoria de vuelo.Debemos incorporarnos al tramo inicial de la pista 04 para realizar una aproximación tradicional de 90°. Para ello:

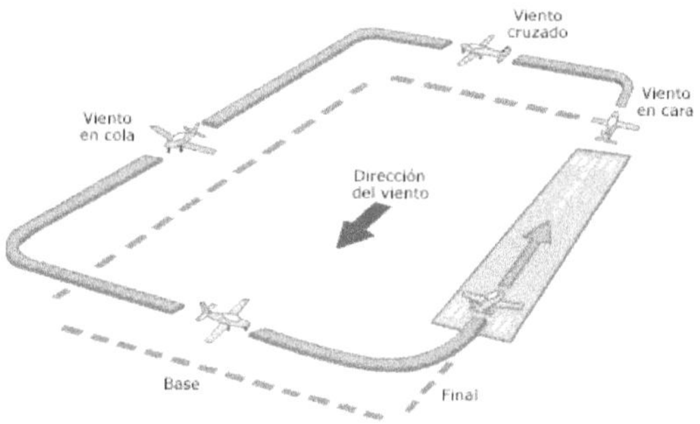

Opción 1: Reducimos la velocidad a la recomendada por el fabricante e iniciamos al tramo inicial en cualquier sector del mismo pero volando con rumbo 220°. ***Sigue en la* página *135***

Opción 2: Debemos reducir la velocidad e incorporarnos al tramo inicial al pasar lateral a la pista 22 y volando con rumbo 220°, sin variar la altitud en todo el tramo. ***Sigue en la* página *98***

Opción 3: Debemos reducir la velocidad e incorporarnos al tramo inicial al pasar lateral a la pista 04, volando con rumbo 220° y buscando un descenso adecuado para el tramo inicial, según indique el patrón de transito local. ***Sigue en la* página *116***

Una maniobra compleja!

"Llevas 2 Errores"

La maniobra de "Deslizamiento" nos permite descender, de manera controlada y a un mayor régimen pero sin aumentar la velocidad. Muy bien, muéstrame como debemos realizar un deslizamiento. Llevemos a cabo esta maniobra y descendamos hasta los 1500 FT. Luego volveremos a la pista para practicar unas aproximaciones. Realizaremos el deslizamiento de la siguiente forma:

Opción 1: Inclinar el ala hacia el lado para donde sopla el viento. Presionar el pedal del lado opuesto y controlar el descenso a velocidad constante **Sigue en la página 127**

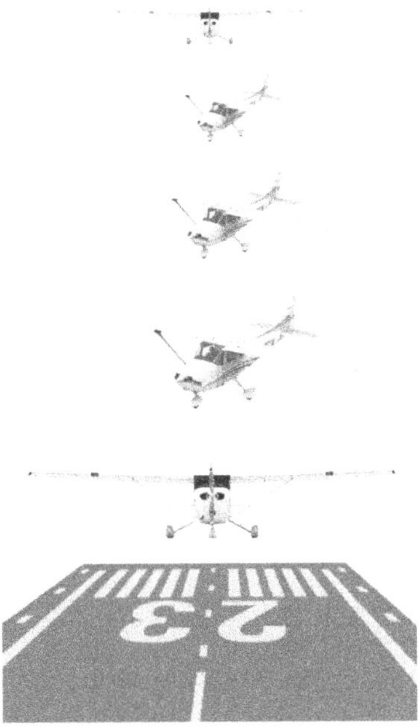

Opción 2: Inclinar el ala hacia un lado, sin importar la dirección del viento. Presionar el pedal del lado opuesto y buscar el mayor descenso a velocidad constante **Sigue en la página 111**

Opción 3: Inclinar el ala hacia el lado desde donde proviene el viento. Presionar el pedal del lado opuesto y controlar el descenso a velocidad constante. **Sigue en la página 129**

Sigue Adelante!

"Llevas 2 Errores"

Es de vital importancia que aprendamos a reconocer la "perdida", y sepamos como recuperarnos de esta situación, tu vida dependerá de ello! Continuemos, elijamos una referencia y realicemos "Giros alrededor de un Punto". En nuestra zona de vuelo, el viento sopla intensamente y proviene desde el norte. Actualmente estamos volando con rumbo 220°, ya has elegido una referencia para la maniobra. El paso siguiente será:

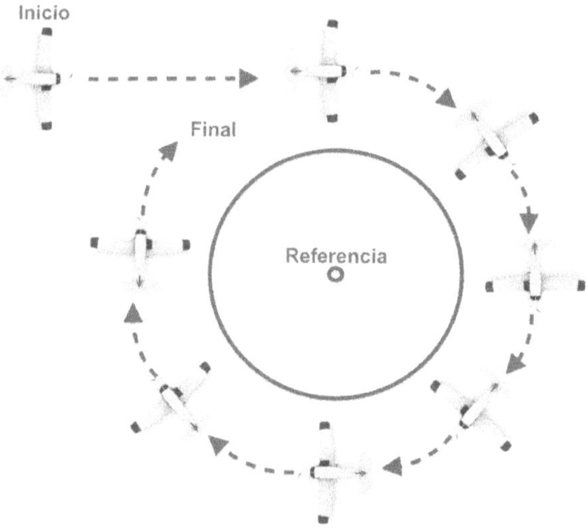

Opción 1: Mantener el rumbo hasta pasar lateral a la referencia elegida, manteniendo la altitud e iniciar la maniobra. ***Sigue en la pagina 110***

Opción 2: Virar hacia el rumbo 360° y al volar lateral a la referencia, iniciar la maniobra. ***Sigue en la pagina 94***

Opción 3: Virar al rumbo 180° y al volar lateral a la referencia, iniciar la maniobra. ***Sigue en la pagina 111***

Hagamos un “STOP”!

Respuesta Incorrecta! Este es tu primer error pero el examen recién comienza. Recuerda que el máximo permitido es de dos errores y al tercero finalizaremos, por lo que tendrás que esforzarte en el resto de las maniobras para poder aprobar y obtener tu licencia.

Recuerda que imaginábamos una situacion con “Flaps” inoperativos!

Toda aeronave, sea cual sea su tamaño, puede descender rápidamente buscando un excesivo ángulo de ataque negativo (nariz abajo), pero esto supondría un inevitable incremento en la velocidad, en otras palabras, ninguna aeronave podría descender y desacelerar al mismo tiempo.

Esta situacion logro ser mejorada al implementar dispositivos hipersustentadores como los Flaps, los que permiten aumentar el ángulo de ataque negativo sin ganar velocidad, pero hasta un determinado punto.

Ahora bien, en nuestro caso, la respuesta correcta es realizar la maniobra de deslizamiento, ya que permite descoordinar el descenso sin un gran incremento de la velocidad, pero al igual que la operación de Flaps, también tiene sus limitaciones!

De todos modos, que esto nos sirva de lección! Ahora continuemos con tu examen. **Sigue en la página 101**

Si necesitas un descanso, dímelo!

“Llevas 2 Errores”

Recuerda que la maniobra anterior se inicia con viento de cola. Una vez finalizada la maniobra anterior, continuamos volando recto y nivelado con una referencia al frente, intentando mantener la altitud y velocidad constante. Luego de unos segundos notamos que nuestra referencia ya no esta al frente sino ligeramente corrida a la izquierda:

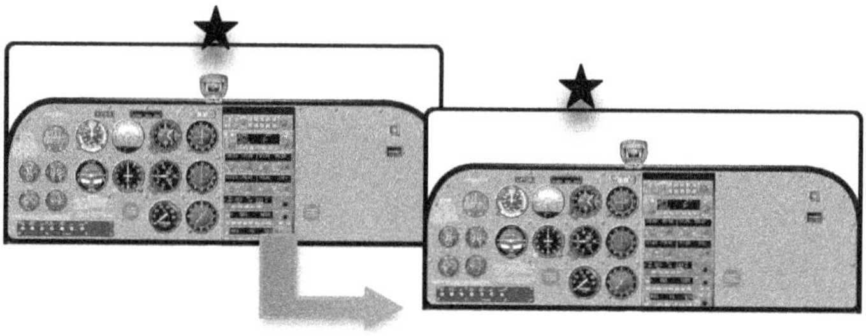

La acción del viento esta generando un desplazamiento indeseado. Para esto debemos:

Opción 1: Ejercer presión sobre el pedal derecho para corregir la deriva generada por el viento. ***Sigue en la* página *104***

Opción 2: Corregir el rumbo hacia la izquierda, lo suficiente para mantener la referencia al frente. ***Sigue en la* página *91***

Opción 3: Mantener el rumbo actual, incrementando la potencia para lograr vencer la fuerza del viento que genera el desplazamiento indeseado o deriva. ***Sigue en la* página *111***

Respuesta Incorrecta!
¡Tercer error!

Lo siento! Tu respuesta ha sido incorrecta y este es el tercer error acumulado. Lamentablemente tu examen esta

¡REPROBADO!

Como seres humanos cometeremos errores a lo largo de nuestras vidas, y lo importante no es buscar eliminar los errores, sino aprender a solucionarlos cuando sucedan, y dalo por hecho que sucederán! Ahora bien, no te alarmes, vuelve a intentarlo y seguramente aprobarás con éxito.

Tal como mencionamos al inicio, el máximo de errores permitidos es de dos, pero no es un numero al azar, sino que esta pensado para que nos detengamos por un instante a evaluar si realmente necesitamos aprender un poco mas o no.

En esta instancia deberás volver al inicio del libro para volver a comenzar tu examen. Te sugiero que analices las respuestas erróneas anteriores y aprendas de ellas.

MUCHA SUERTE!
CAPT. Thomas!

FIN DEL VUELO.
Sigue en la página 73

Sigue Adelante!

“Llevas 1 Error”

Una adecuada corrección de deriva ayuda a que tu trayectoria de vuelo continúe por el camino correcto. Continuemos con el vuelo, volvamos a ascender hasta 3000 FT. Una de las situaciones mas graves que podemos enfrentar es, sin dudas, la falla de motor. Simulemos una emergencia de motor. Para esto, voy a reducir toda la potencia. Listo? Ahí vamos!

“Ok, potencia reducida”.

Que haremos ahora?

Opción 1: Primero adoptar la velocidad de planeo con las alas niveladas. Luego buscar el lugar mas apto para aterrizar de emergencia, intentando un reencendido. **Sigue en la página 114**

Opción 2: Primero adoptar la velocidad de planeo con las alas niveladas. Luego buscar el lugar mas cercano para aterrizar de emergencia, intentando un reencendido. **Sigue en la página 122**

Opción 3: Buscar la velocidad de planeo e iniciar el descenso. Luego buscar el lugar mas apto y cercano para aterrizar de emergencia, intentando un reencendido. **Sigue en la página 116**

Excelente Respuesta!

En una emergencia de falla de motor, lo mas importante es buscar la velocidad de planeo que indica el fabricante y seguido a ello, buscar el lugar mas APTO para el aterrizaje de emergencia! Sin darnos cuenta, nos hemos acercado mucho a la pista y aun volamos a 3000FT. Imaginemos que los "Flaps" se han trabado y no podemos operarlos. Debemos descender hasta 1500 FT lo mas rápido posible para no alejarnos mucho mas de la pista. Ten cuidado con la velocidad, DEBEMOS mantenerla reducida.

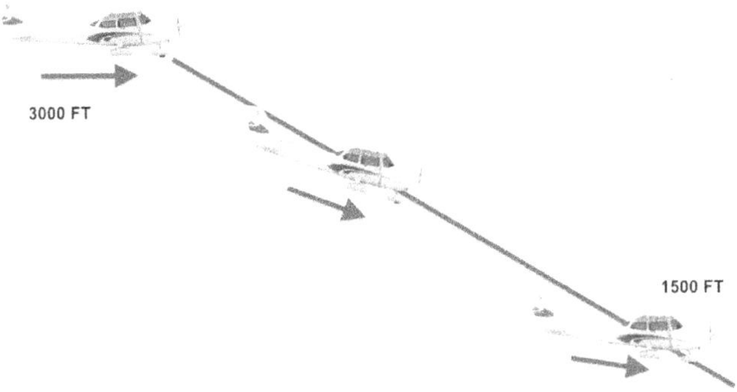

Opción 1: Primero debemos reducir la potencia, luego bajar la nariz y buscar un descenso controlado. **Sigue en la página 99**

Opción 2: Primero reducimos la potencia al mínimo, luego adoptamos un régimen de descenso continuo para no variar la velocidad. **Sigue en la página 109**

Opción 3: Primero reducimos la potencia y luego realizamos un deslizamiento controlando la velocidad. **Sigue en la página 96**

Sigue Adelante!

"Llevas 1 Error"

Es de vital importancia que aprendamos a reconocer la "perdida", y sepamos como recuperarnos de esta situación, tu vida dependerá de ello! Continuemos, elijamos una referencia y realicemos "Giros alrededor de un Punto". En nuestra zona de vuelo, el viento sopla intensamente y proviene desde el norte. Actualmente estamos volando con rumbo 220°, ya has elegido una referencia para la maniobra. El paso siguiente será:

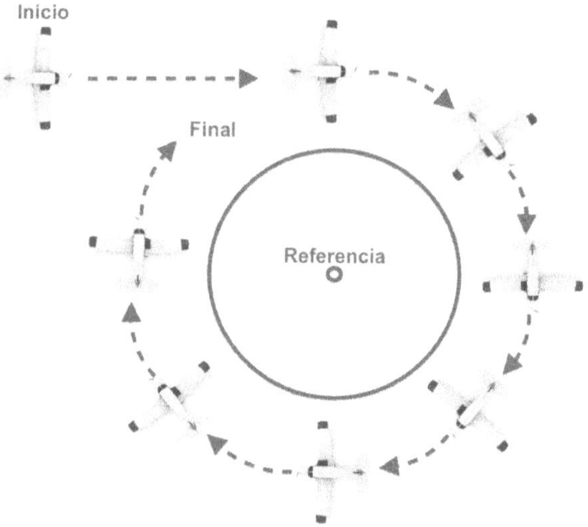

Opción 1: Mantener el rumbo hasta pasar lateral a la referencia elegida, manteniendo la altitud e iniciar la maniobra. ***Sigue en la* página *105***

Opción 2: Virar hacia el rumbo 360° y al volar lateral a la referencia, iniciar la maniobra. ***Sigue en la* página *80***

Opción 3: Virar al rumbo 180° y al volar lateral a la referencia, iniciar la maniobra. ***Sigue en la* página *87***

Excelente Respuesta!

Bien hecho. Llegamos al tramo FINAL de la pista 04. Esta etapa es la de mayor precisión por la cercanía al terreno durante el ultimo descenso, así que TEN CUIDADO. Continuamos el descenso, cruzamos los 200 FT, observamos el velocímetro y la velocidad se mantiene bajo control pero al levanta levantar la vista, vemos que la pista 04 se encuentra bastante desplazada a nuestra izquierda aunque sigamos volando con rumbo 040°. El efecto del viento nos ha jugado una mala pasada, por tal motivo debemos:

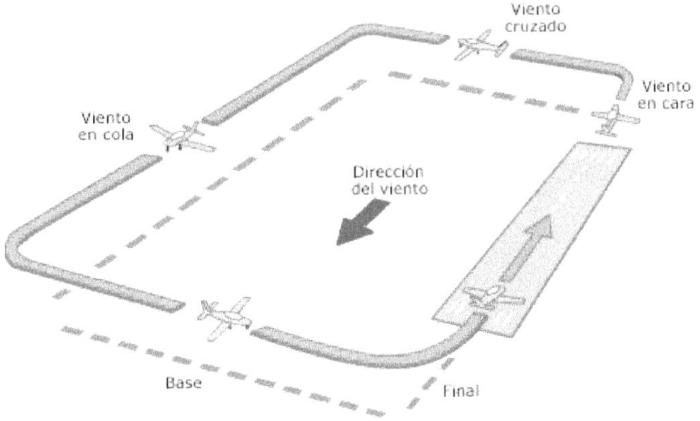

Opción 1: Mantener rumbo 040° y realizar una aproximación frustrada. ***Sigue en la* página *100***

Opción 2: Abandonar el rumbo 040° y adoptar un nuevo rumbo que nos lleve a la pista para continuar con el aterrizaje, pero manteniendo la velocidad. ***Sigue en la* página *96***

Opción 3: Detener el descenso hasta conseguir tener al pista al frente corrigiendo el rumbo, luego continuar con el descenso y aterrizaje en la pista 04. ***Sigue en la* página *120***

Excelente Respuesta!

Llevas 1 error!

En una emergencia de falla de motor, lo mas importante es buscar la velocidad de planeo que indica el fabricante y seguido a ello, buscar el lugar mas APTO para el aterrizaje de emergencia! Sin darnos cuenta, nos hemos acercado mucho a la pista y aun volamos a 3000FT. Imaginemos que los "Flaps" se han trabado y no podemos operarlos. Debemos descender hasta 1500 FT lo mas rápido posible para no alejarnos mucho mas de la pista. Ten cuidado con la velocidad, DEBEMOS mantenerla reducida.

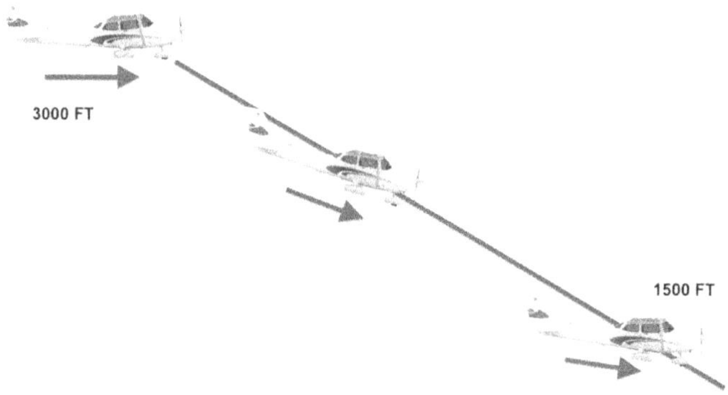

Opción 1: Primero debemos reducir la potencia, luego bajar la nariz y buscar un descenso controlado. **Sigue en la pagina 105**

Opción 2: Primero reducimos la potencia al mínimo, luego adoptamos un régimen de descenso continuo para no variar la velocidad. **Sigue en la pagina 134**

Opción 3: Primero reducimos la potencia y luego realizamos un deslizamiento controlando la velocidad. **Sigue en la pagina 101**

Excelente Respuesta!

"Llevas 2 Errores"

Llegamos al tramo FINAL de la pista 04. Esta etapa es la de mayor precisión por la cercanía al terreno durante el ultimo descenso, así que TEN CUIDADO. Continuamos el descenso, cruzamos los 200 FT, observamos el velocímetro y la velocidad se mantiene bajo control pero al levanta levantar la vista, vemos que la pista 04 se encuentra bastante desplazada a nuestra izquierda aunque sigamos volando con rumbo 040°. El efecto del viento nos ha jugado una mala pasada, por tal motivo debemos:

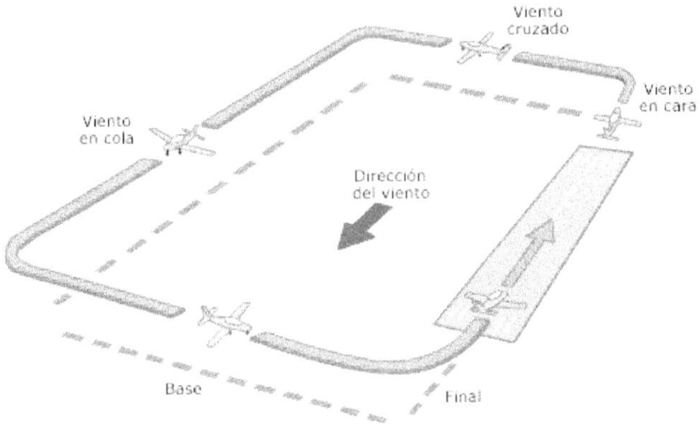

Opción 1: Mantener rumbo 040° y realizar una aproximación frustrada. ***Sigue en la* página *128***

Opción 2: Abandonar el rumbo 040° y adoptar un nuevo rumbo que nos lleve a la pista para continuar con el aterrizaje, pero manteniendo la velocidad. ***Sigue en la* página *111***

Opción 3: Detener el descenso hasta conseguir tener al pista al frente corrigiendo el rumbo, luego continuar con el descenso y aterrizaje en la pista 04. ***Sigue en la* página *129***

Respuesta Incorrecta!
Llevas 2 errores!

Lo siento! Tu respuesta ha sido incorrecta! Este es tu segundo error y aun no hemos llegado a la sexta maniobra. Has alcanzado el limite permitido. La corrección de deriva es de suma importancia para la navegación visual. Recuerda que el viento genera un efecto de desplazamiento sobre nuestra trayectoria y de no ser corregido a tiempo, no llegaríamos al lugar deseado. Esto podría afectar el consumo de combustible y generar una emergencia.

Recuerda que los errores, por pequeños que sean, pueden desencadenar un accidente, generando daños irreversibles. Continuaremos a partir de aquí con dos errores, pero no te alarmes, si realizas correctamente todas las maniobras restantes, tu examen estará APROBADO! Así que, animo! y sigue adelante!

"Recuerda que llevas 2 errores y es el limite permitido"

Es tu última oportunidad. APROVECHALA!

Vuelve a la página 91

Respuesta Incorrecta!
Llevas 2 errores!

Lo siento! Tu respuesta ha sido incorrecta! Este es tu segundo error y aun no hemos llegado a la sexta maniobra. Has alcanzado el limite permitido.

El tramo final de la aproximación es la instancia de mayor riesgo, volamos a baja altura y a mínima velocidad. Aquí llega una maniobra de VITAL IMPORTANCIA, el "Escape" o aproximación frustrada. Tenlo presente cada vez que en el tramo final, los parámetros no sean los adecuados.

Recuerda que los errores, por pequeños que sean, pueden desencadenar un accidente, generando daños irreversibles. Continuaremos a partir de aquí con dos errores, pero no te alarmes, si realizas correctamente todas las maniobras restantes, tu examen estará APROBADO! Así que, animo! y sigue adelante!

"Recuerda que llevas 2 errores y es el limite permitido"

Es tu última oportunidad. APROVECHALA!

Vuelve a la página 128

Hagamos un "STOP"!

Respuesta Incorrecta! Este es tu primer error pero el examen recién comienza. Recuerda que el máximo permitido es de dos errores y al tercero finalizaremos, por lo que tendrás que esforzarte en el resto de las maniobras para poder aprobar y obtener tu licencia.

No olvides que ante toda situacion de riesgo, y mas aun a baja altura, debemos tomar acciones que garanticen la seguridad. Y nuestro caso en particular, lo correcto es realizar una aproximación frustrada o "Escape". Recuerda que en el tramo final de la aproximación debemos tener la pista al frente, con la velocidad controlada y el ángulo de descenso dentro de lo establecido para tal maniobra. Cualquier desfasaje de alguno de estos parámetros, se considera que la aproximación se ha desestabilizado y deberíamos realizar una aproximación frustrada para luego volver a intentarlo, no bien para tomar otras alternativas.

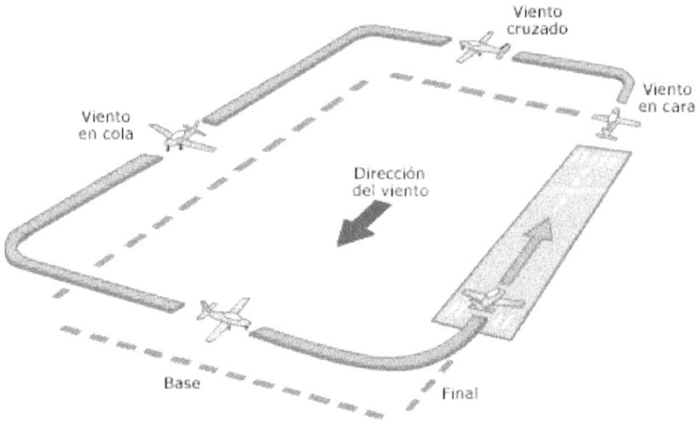

De todos modos, que esto nos sirva de lección! Ahora continuemos con tu examen. **Sigue en la página 123**

Buen Trabajo!

"Llevas 1 Error"

Volvamos a incorporarnos al circuito de transito para realizar una aproximación de 180°. Recuerda que la elevación de nuestro aeródromo es de 100FT. Ten en cuenta esta información para realizar la maniobra. Aterricemos en la pista 04. Muéstrame como se hace una aproximación de 180°.

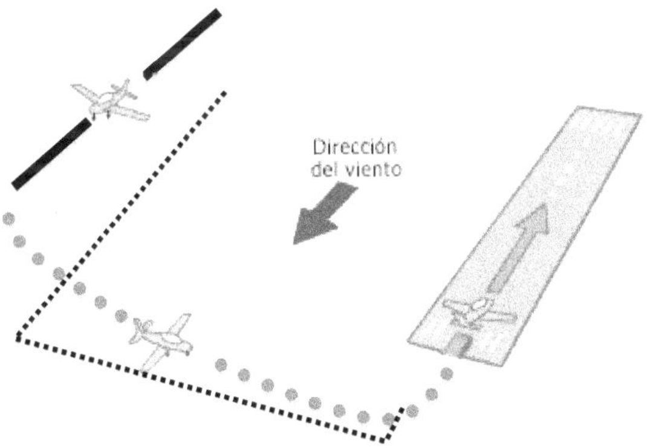

Opción 1: Iniciamos la maniobra en el tramo inicial a 600FT de altitud. Al pasar lateral al inicio de la pista 04, reducimos la potencia e iniciamos un planeo realizando un viraje de 180° grados hacia el tramo final. ***Sigue en la* página *140***

Opción 2: Iniciamos la maniobra en el tramo inicial a 600FT de altura. Luego de volar lateral al inicio de la pista 04, reducimos la potencia e iniciamos un planeo al tramo básico y luego al tramo final. ***Sigue en la* página *133***

Opción 3: Iniciamos la maniobra lateral al inicio de la pista 04 con rumbo 040° a 600FT de altura. Recudimos la potencia e iniciamos un planeo al tramo básico y luego al tramo final. ***Sigue en la* página *98***

Respuesta Incorrecta!
Llevas 2 errores!

Lo siento! Tu respuesta ha sido incorrecta! Este es tu segundo error y aun no hemos llegado a la sexta maniobra. Has alcanzado el limite permitido. Las practicas de emergencias son las maniobras más importantes de la carrera. Recuerda un concepto básico, el avión vuela por velocidad, por lo cual si falla el motor, tendrás algo de tiempo para elegir un buen terreno para aterrizar de emergencia. Aquí será indispensable cuidar la velocidad.

Recuerda que los errores, por pequeños que sean, pueden desencadenar un accidente, generando daños irreversibles. Continuaremos a partir de aquí con dos errores, pero no te alarmes, si realizas correctamente todas las maniobras restantes, tu examen estará APROBADO! Así que, animo! y sigue adelante!

"Recuerda que llevas 2 errores y es el limite permitido"

Es tu última oportunidad. APROVECHALA!

Vuelve a la página 127

Muy Bien, Continuemos!

"Llevas 1 Error"

Ante cualquier situación que ponga en riesgo el aterrizaje, debemos realizar una aproximación frustrada. Ahora bien, la decisión esta tomada! Descartemos la posibilidad de aterrizar y desarrollemos esta maniobra. Muéstrame como lo hacen los profesionales!

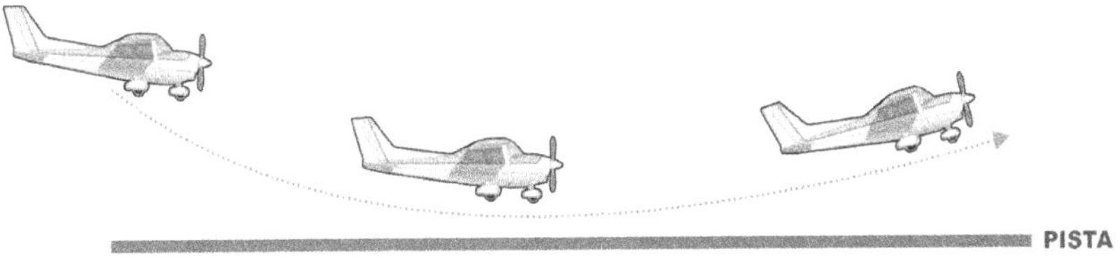

Opción 1: En primera instancia, retraer los Flaps gradualmente, accionar toda la potencia e iniciar el ascenso de inmediato. ***Sigue en la* página *131***

Opción 2: Detener el descenso. Accionar toda la potencia disponible e iniciar el ascenso. Al alcanzar una altitud de seguridad, retraer los Flaps. ***Sigue en la* página *121***

Opción 3: Accionar toda la potencia disponible. Iniciar un ascenso inmediato con las alas niveladas y retraer los Flaps gradualmente. ***Sigue en la* página *106***

Hagamos un “STOP”!

Respuesta Incorrecta! Este es tu primer error pero el examen recién comienza. Recuerda que el máximo permitido es de dos errores y al tercero finalizaremos, por lo que tendrás que esforzarte en el resto de las maniobras para poder aprobar y obtener tu licencia. Estas dando tus primeros pasos en la aviación y la corrección de deriva es un punto extremadamente importante.

Quizás escuches que la corrección de deriva suele corregirse presionando el pedal del lado desde sopla el viento para ejercer mayor fuerza hacia ese lado, pero esto no es del todo correcto, ya que si tienes que realizar una navegación de 200 NM con viento cruzado, NO PODRIAS ir tanto tiempo con el pedal presionado!

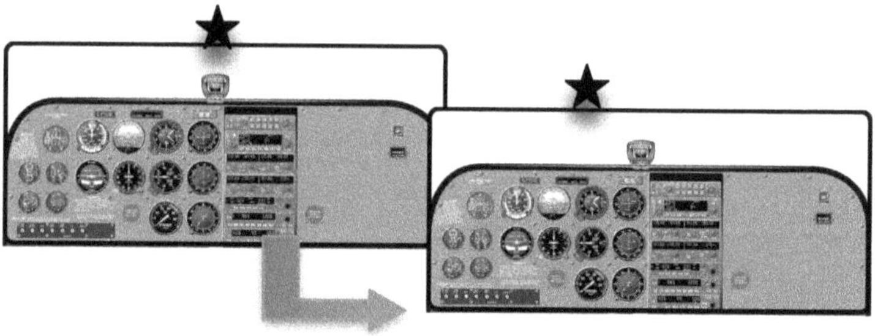

La forma adecuada de corregir la deriva generada pro el viento, es variar el rumbo una determinada cantidad de grados para contrarrestar ese desplazamiento indeseado! Es un error muy frecuente así que no te alarmes, pero recuerda que en todos los casos, las correcciones siempre serán para el lado de donde sopla el viento!

De todos modos, que esto nos sirva de lección! Ahora continuemos con tu examen. **Sigue en la página 112**

Buen Trabajo!

"Llevas 2 Errores"

Volvamos a incorporarnos al circuito de transito para realizar una aproximación de 180°. Recuerda que la elevación de nuestro aeródromo es de 100FT. Ten en cuenta esta información para realizar la maniobra. Aterricemos en la pista 04. Muéstrame como se hace una aproximación de 180°.

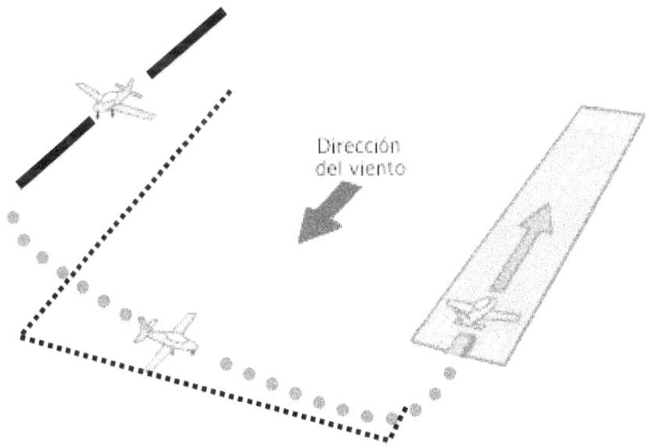

Opción 1: Iniciamos la maniobra en el tramo inicial a 600FT de altitud. Al pasar lateral al inicio de la pista 04, reducimos la potencia e iniciamos un planeo realizando un viraje de 180° grados hacia el tramo final. ***Sigue en la* página *111***

Opción 2: Iniciamos la maniobra en el tramo inicial a 600FT de altura. Luego de volar lateral al inicio de la pista 04, reducimos la potencia e iniciamos un planeo al tramo básico y luego al tramo final. ***Sigue en la* página *161***

Opción 3: Iniciamos la maniobra lateral al inicio de la pista 04 con rumbo 040° a 600FT de altura. Recudimos la potencia e iniciamos un planeo al tramo básico y luego al tramo final. ***Sigue en la* página *128***

Hagamos un "STOP"!

Respuesta Incorrecta! Este es tu primer error pero el examen recién comienza. Recuerda que el máximo permitido es de dos errores y al tercero finalizaremos, por lo que tendrás que esforzarte en el resto de las maniobras para poder aprobar y obtener tu licencia.

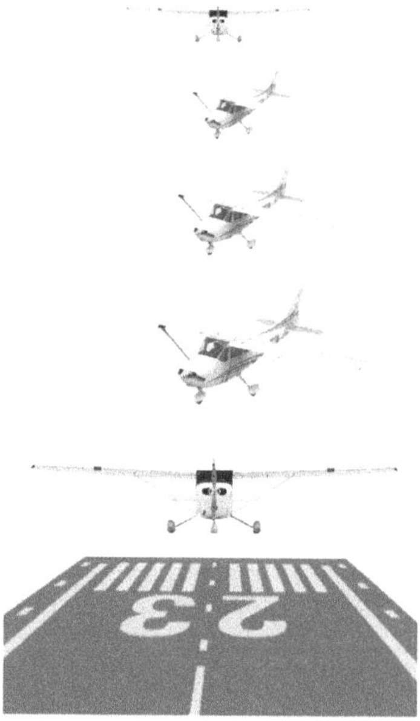

El deslizamiento es una maniobra de cuidado, ya que buscar realizar un descenso en una actitud anormal de vuelo, pero de forma controlada.

Al girar el comando hacia un lado y presionar el pedal del lado opuesto, estamos generando el famoso "derrape" pero en actitud de descenso. Esto evitaría que la velocidad aumente bruscamente, pero ten cuidado que un excesivo deslizamiento podría aumentarla y generar una situacion anormal descontrolada.

De todos modos, que esto nos sirva de lección! Ahora continuemos con tu examen. **Sigue en la página 106**

¡Excelente Respuesta!

¡Llevas 2 errores!

En una emergencia de falla de motor, lo mas importante es buscar la velocidad de planeo que indica el fabricante y seguido a ello, buscar el lugar mas APTO para el aterrizaje de emergencia! Sin darnos cuenta, nos hemos acercado mucho a la pista y aun volamos a 3000FT. Imaginemos que los "Flaps" se han trabado y no podemos operarlos. Debemos descender hasta 1500 FT lo mas rápido posible para no alejarnos mucho mas de la pista. Ten cuidado con la velocidad, DEBEMOS mantenerla reducida.

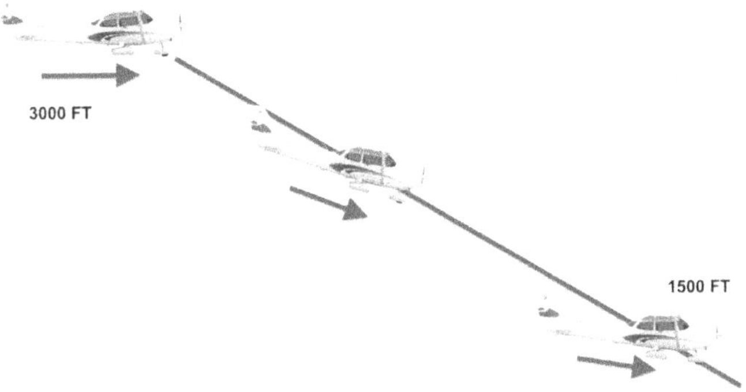

Opción 1: Primero debemos reducir la potencia, luego bajar la nariz y buscar un descenso controlado. **Sigue en la página 108**

Opción 2: Primero reducimos la potencia al mínimo, luego adoptamos un régimen de descenso continuo para no variar la velocidad. **Sigue en la página 111**

Opción 3: Primero reducimos la potencia y luego realizamos un deslizamiento controlando la velocidad. **Sigue en la página 107**

Muy Bien, Continuemos!

"Llevas 2 Errores"

Ante cualquier situación que ponga en riesgo el aterrizaje, debemos realizar una aproximación frustrada. Ahora bien, la decisión esta tomada! Descartemos la posibilidad de aterrizar y desarrollemos esta maniobra. Muéstrame como lo hacen los profesionales!

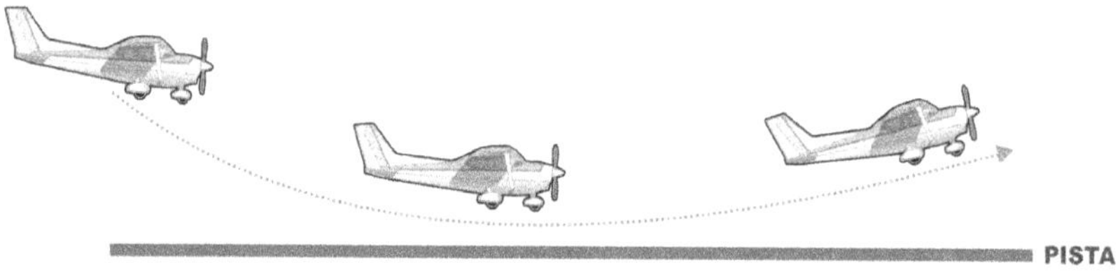

Opción 1: En primera instancia, retraer los Flaps gradualmente, accionar toda la potencia e iniciar el ascenso de inmediato. ***Sigue en la* página *117***

Opción 2: Detener el descenso. Accionar toda la potencia disponible e iniciar el ascenso. Al alcanzar una altitud de seguridad, retraer los Flaps. ***Sigue en la* página *125***

Opción 3: Accionar toda la potencia disponible. Iniciar un ascenso inmediato con las alas niveladas y retraer los Flaps gradualmente. ***Sigue en la* página *111***

Muy Bien. Continuemos!

"Llevas 2 Errores"

Excelente respuesta! Volvamos ahora, a la pista y practiquemos algunas aproximaciones. Recuerda que debemos respetar el circuito de transito en cada aproximación. Descendamos hasta los 500FT. Tenemos la pista justo al frente, perpendicular a nuestra trayectoria de vuelo.Debemos incorporarnos al tramo inicial de la pista 04 para realizar una aproximación tradicional de 90°. Para ello:

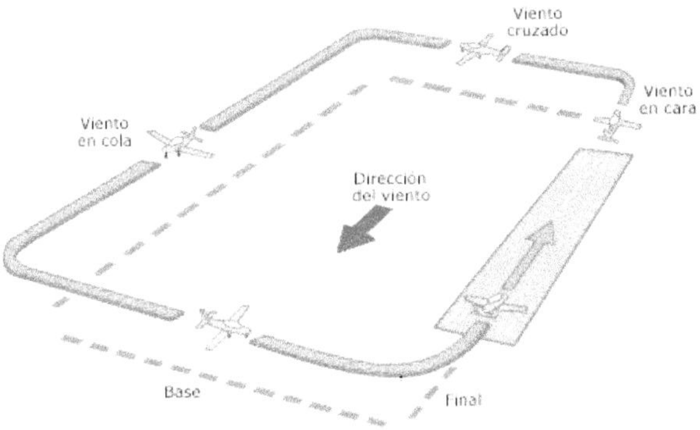

Opción 1: Reducimos la velocidad a la recomendada por el fabricante e iniciamos al tramo inicial en cualquier sector del mismo pero volando con rumbo 220°. ***Sigue en la* página *111***

Opción 2: Debemos reducir la velocidad e incorporarnos al tramo inicial al pasar lateral a la pista 22 y volando con rumbo 220°, sin variar la altitud en todo el tramo. ***Sigue en la* página *117***

Opción 3: Debemos reducir la velocidad e incorporarnos al tramo inicial al pasar lateral a la pista 04, volando con rumbo 220° y buscando un descenso adecuado para el tramo inicial, según indique el patrón de transito local. ***Sigue en la* página *107***

Hagamos un "STOP"!

Respuesta Incorrecta! Este es tu primer error pero el examen recién comienza. Recuerda que el máximo permitido es de dos errores y al tercero finalizaremos, por lo que tendrás que esforzarte en el resto de las maniobras para poder aprobar y obtener tu licencia.

Recuerda que la función del circuito de transito es ordenar a las diferentes aeronaves que transiten por el aeródromo previo al aterrizaje, logrando un control del trafico para maximizar la seguridad. Por tal razón es de vital importancia respetar todos los tramos del circuito. El mismo inicia en el tramo inicial, donde cada aeronave debe incorporarse paralelo a la pista en sentido opuesto al aterrizaje. Recuerda que la altura mínima y legal para este tramo es de 500FT. Seguido a el, llega el tramo básico, donde continuamos el descenso en un perpendicular a la trayectoria de aterrizaje, para luego iniciar el tramo final con la pista al frente, velocidad y configuración de aproximación, según lo establecido por el fabricante en sus manuales operativos.

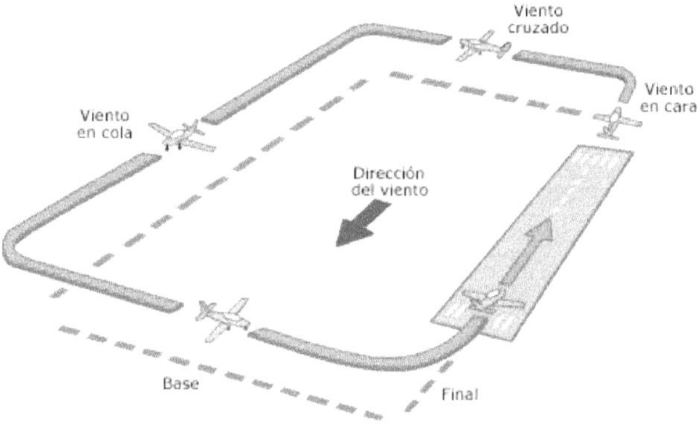

De todos modos, que esto nos sirva de lección! Ahora continuemos con tu examen. **Sigue en la página 98**

Respuesta Incorrecta!
Llevas 2 errores!

Lo siento! Tu respuesta ha sido incorrecta! Este es tu segundo error y aun no hemos llegado a la sexta maniobra. Has alcanzado el limite permitido.

Ten siempre presente que la maniobra de escape o aproximación frustrada busca elevarte y alejarte del suelo lo mas pronto posible. Esta maniobra siempre debe tenerse en cuenta en el tramo final de la aproximación y ante cualquier situación que consideres riesgosa. Ante la duda o incertidumbre, ESCAPE!

Recuerda que los errores, por pequeños que sean, pueden desencadenar un accidente, generando daños irreversibles. Continuaremos a partir de aquí con dos errores, pero no te alarmes, si realizas correctamente todas las maniobras restantes, tu examen estará APROBADO! Así que, animo! y sigue adelante!

"Recuerda que llevas 2 errores y es el limite permitido"

Es tu última oportunidad. APROVECHALA!

Vuelve a la página 125

Hagamos un "STOP"!

Respuesta Incorrecta! Este es tu primer error pero el examen recién comienza. Recuerda que el máximo permitido es de dos errores y al tercero finalizaremos, por lo que tendrás que esforzarte en el resto de las maniobras para poder aprobar y obtener tu licencia.

La finalidad de la practica de esta maniobra es lograr las habilidades necesarias para poder aterrizar el avión en durante la aproximación completamente en planeo. Para ello, al sobrevolar lateral a la numeración de la pista, debemos reducir la potencia y continuar hasta el aterrizaje sin su ayuda.

Con el tiempo desarrollaremos un sentido de distancia y altitud en función a la capacidad de planeo de nuestra aeronave, y será de vital importancia poseer estos sentidos, puesto que ante una emergencia, sería de mucha utilidad.

Nunca olvides que debes conocer a tu avión tanto como a ti mismo, para reconocer sus limitaciones y poder respetarlas!

De todos modos, que esto nos sirva de lección! Ahora continuemos con tu examen. **Sigue en la página 133**

Excelente!

"Llevas 1 Error"

Hemos aterrizado en la pista 04 luego de realizar una exitosa aproximación de 180°. Vamos a liberar la pista, a tomar la primera calle de rodaje y a volver al punto de espera de la pista 04 para un nuevo despegue. Ingresamos a la pista 04, alineamos la aeronave con rumbo 040° y luego de accionar toda la potencia, iniciamos la carrera de despegue, pero durante la misma, el velocímetro se detiene y decidimos realizar un RTO (rejected take off), para esto debemos:

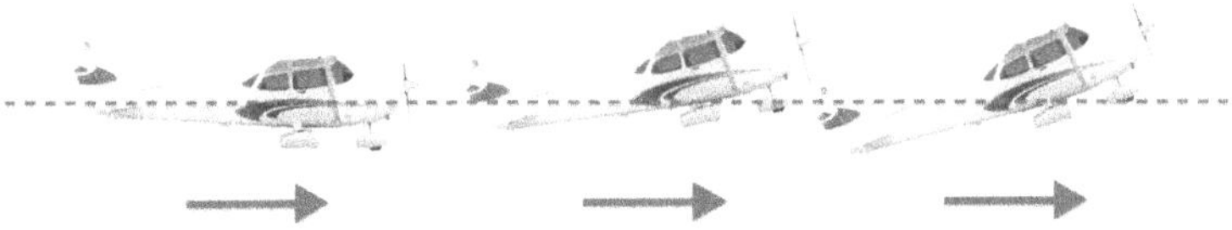

Opción 1: Recudir la potencia, mantener el rodaje sobre el centro de la pista y frenar el avión por completo. Liberar la pista para luego evaluar lo sucedido. ***Sigue en la* página *143***

Opción 2: Desacelerar el avión hasta una velocidad adecuada para rodar, volver a la plataforma y evaluar lo sucedido. ***Sigue en la* página *137***

Opción 3: Sin pista remanente, continuamos con el despegue normalmente, con la salvedad de que vamos a incorporarnos al circuito de transito para un aterrizaje de inmediato con el fin de evaluar la causa de la falla. ***Sigue en la* página *123***

Respuesta Incorrecta!
Llevas 2 errores!

Lo siento! Tu respuesta ha sido incorrecta! Este es tu segundo error y aun no hemos llegado a la sexta maniobra. Has alcanzado el limite permitido. En aeronaves que no poseen Flaps, la maniobra de deslizamiento permite descender a un régimen mas pronunciado que el normal. Se trata de una maniobra de sumo cuidado ya que estaremos operando el avión en una actitud de vuelo anormal pero controlada. Ten cuidado con esta maniobra!

Recuerda que los errores, por pequeños que sean, pueden desencadenar un accidente, generando daños irreversibles. Continuaremos a partir de aquí con dos errores, pero no te alarmes, si realizas correctamente todas las maniobras restantes, tu examen estará APROBADO! Así que, animo! y sigue adelante!

"Recuerda que llevas 2 errores y es el limite permitido"

Es tu última oportunidad. APROVECHALA!

Vuelve a la página 107

Respuesta Incorrecta!
Llevas 2 errores!

Lo siento! Tu respuesta ha sido incorrecta! Este es tu segundo error y aun no hemos llegado a la sexta maniobra. Has alcanzado el limite permitido.

Ten presente que la finalidad de un circuito de transito es la seguridad de las aeronaves que lo integran. Debemos conocer a la perfección sus tramos y sus direcciones para que todas las aeronaves hagan los mismo y se eviten colisiones en vuelo, situación que podría generar un grave accidente.

Recuerda que los errores, por pequeños que sean, pueden desencadenar un accidente, generando daños irreversibles. Continuaremos a partir de aquí con dos errores, pero no te alarmes, si realizas correctamente todas las maniobras restantes, tu examen estará APROBADO! Así que, animo! y sigue adelante!

"Recuerda que llevas 2 errores y es el limite permitido"
Es tu última oportunidad. APROVECHALA!

Vuelve a la página 117

Respuesta Incorrecta!
Llevas 2 errores!

Lo siento! Tu respuesta ha sido incorrecta! Este es tu segundo error y aun no hemos llegado a la sexta maniobra. Has alcanzado el limite permitido. La recuperación de pérdida es una de las maniobras mas importantes de la carrera, ya que podría salvarte la vida. Es INDISPENSABLE que puedas dominar esta técnica, ya que una errores recuperación de pérdida llevará a que el avión se "Desmorone" en segundos y caiga fuera de control.

Recuerda que los errores, por pequeños que sean, pueden desencadenar un accidente, generando daños irreversibles. Continuaremos a partir de aquí con dos errores, pero no te alarmes, si realizas correctamente todas las maniobras restantes, tu examen estará APROBADO! Así que, animo! y sigue adelante!

"Recuerda que llevas 2 errores y es el limite permitido"

Es tu última oportunidad. APROVECHALA!

Vuelve a la página 108

Respuesta Incorrecta!
Llevas 2 errores!

Lo siento! Tu respuesta ha sido incorrecta! Este es tu segundo error y aun no hemos llegado a la sexta maniobra. Has alcanzado el limite permitido.

Ten en cuenta que es mejor resolver un problema en tierra que en vuelo. Partiendo de este concepto, el RTO es una maniobra que puede generar un incidente en vuelo al detectarse una anomalía durante la carrera de despegue. No lo olvides, mejor en tierra que en vuelo!

Recuerda que los errores, por pequeños que sean, pueden desencadenar un accidente, generando daños irreversibles. Continuaremos a partir de aquí con dos errores, pero no te alarmes, si realizas correctamente todas las maniobras restantes, tu examen estará APROBADO! Así que, animo! y sigue adelante!

"Recuerda que llevas 2 errores y es el limite permitido"

Es tu última oportunidad. APROVECHALA!

Vuelve a la página 151

Respuesta Incorrecta!
Llevas 2 errores!

Lo siento! Tu respuesta ha sido incorrecta! Este es tu segundo error y aun no hemos llegado a la sexta maniobra. Has alcanzado el limite permitido.

Los despegues en campo corto ayudan a que la aeronave eleve sus ruedas del suelo lo antes posible. Omitir este procedimiento en una pista contaminada puede generar que el avión no logre elevarse a tiempo, causando una posible situación de riesgo, incidente o accidente.

Recuerda que los errores, por pequeños que sean, pueden desencadenar un accidente, generando daños irreversibles. Continuaremos a partir de aquí con dos errores, pero no te alarmes, si realizas correctamente todas las maniobras restantes, tu examen estará APROBADO! Así que, animo! y sigue adelante!

"Recuerda que llevas 2 errores y es el limite permitido"
Es tu última oportunidad. APROVECHALA!

Vuelve a la página 150

Respuesta Incorrecta!
Llevas 2 errores!

Lo siento! Tu respuesta ha sido incorrecta! Este es tu segundo error y aun no hemos llegado a la sexta maniobra. Has alcanzado el limite permitido. En aeronaves que no poseen Flaps, la maniobra de deslizamiento permite descender a un régimen mas pronunciado que el normal. Se trata de una maniobra de sumo cuidado ya que estaremos operando el avión en una actitud de vuelo anormal pero controlada. Ten cuidado con esta maniobra!

Recuerda que los errores, por pequeños que sean, pueden desencadenar un accidente, generando daños irreversibles. Continuaremos a partir de aquí con dos errores, pero no te alarmes, si realizas correctamente todas las maniobras restantes, tu examen estará APROBADO! Así que, animo! y sigue adelante!

"Recuerda que llevas 2 errores y es el limite permitido"

Es tu última oportunidad. APROVECHALA!

Vuelve a la página 129

Respuesta Incorrecta!
Llevas 2 errores!

Lo siento! Tu respuesta ha sido incorrecta! Este es tu segundo error y aun no hemos llegado a la sexta maniobra. Has alcanzado el limite permitido.

La aproximación de 180° busca entrenar tus habilidades de volar en planeo, controlando los parámetros y realizando un giro coordinado para entrar en el tramo final. Simula una emergencia en circuito, por lo que es muy importante que logres dominar esta técnica a la perfección.

Recuerda que los errores, por pequeños que sean, pueden desencadenar un accidente, generando daños irreversibles. Continuaremos a partir de aquí con dos errores, pero no te alarmes, si realizas correctamente todas las maniobras restantes, tu examen estará APROBADO! Así que, animo! y sigue adelante!

"Recuerda que llevas 2 errores y es el limite permitido"
Es tu última oportunidad. APROVECHALA!

Vuelve a la página 161

Buen Trabajo!

Excelente respuesta! Volvamos a incorporarnos al circuito de transito para realizar una aproximación de 180°. Recuerda que la elevación de nuestro aeródromo es de 100FT. Ten en cuenta esta información para realizar la maniobra. Aterricemos en la pista 04. Muéstrame como se hace una aproximación de 180°.

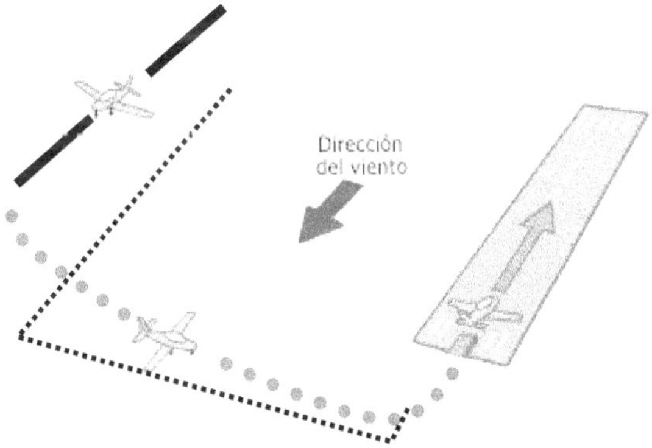

Opción 1: Iniciamos la maniobra en el tramo inicial a 600FT de altitud. Al pasar lateral al inicio de la pista 04, reducimos la potencia e iniciamos un planeo realizando un viraje de 180° grados hacia el tramo final. ***Sigue en la* página *132***

Opción 2: Iniciamos la maniobra en el tramo inicial a 600FT de altura. Luego de volar lateral al inicio de la pista 04, reducimos la potencia e iniciamos un planeo al tramo básico y luego al tramo final. ***Sigue en la pagina 164***

Opción 3: Iniciamos la maniobra lateral al inicio de la pista 04 con rumbo 040° a 600FT de altura. Recudimos la potencia e iniciamos un planeo al tramo básico y luego al tramo final. ***Sigue en la* página *115***

Hagamos un “STOP”!

Respuesta Incorrecta! Este es tu primer error pero el examen recién comienza. Recuerda que el máximo permitido es de dos errores y al tercero finalizaremos, por lo que tendrás que esforzarte en el resto de las maniobras para poder aprobar y obtener tu licencia.

No te alarmes, continuaremos con el despegue y con tu examen, pero antes debemos recordad que los procedimientos de despegue en cortas distancias, tienen como objetivo lograr la mínima velocidad de sustentación en la menor distancia.

Para ello, utilizamos los Flaps, los cuales alargan la superficie del ala y por resultante, aumentan la sustentación o la obtienen a menor velocidad.

Recuerda que la formula de la sustentación es: **L= CL x 1/2ρ x SUP x V2.** Como operadores de la aeronave podremos tomar acción sobre los dos últimos valores, sobre la superficie alar (uso de los Flaps) y sobre la velocidad (actitud y potencia).

De todos modos, que esto nos sirva de lección! Ahora continuemos con tu examen. **Sigue en la página 147**

Bien Hecho!

"Llevas 1 Error"

La maniobra de RTO es de extrema importancia para la seguridad de todos. Luego de liberar la pista 04, vamos a iniciar otro rodaje pero a una pista diferente, despegaremos de la pista 13.

Ten cuidado! Esta pista se encuentra en muy malas condiciones, por lo que debemos realizar un despegue en campo corto. Recuerdas esta maniobra? Repasemos juntos su desarrollo. Debemos extender los Flaps. Manteniendo los frenos aplicados, accionamos toda la potencia, liberamos los frenos e iniciamos la carrera de despegue. Mi pregunta es la siguiente: esta maniobra se realiza con Flaps extendidos en todos los casos, ¿recuerdas por que?

Opción 1: La extensión de Flaps aumenta la sustentación y permite elevarse a menor distancia de recorrido durante la carrera de despegue. ***Sigue en la* página *138***

Opción 2: La extensión de Flaps retrasa la velocidad de perdida por lo que el avión puede sustentar a menor velocidad y elevarse anticipadamente con un recorrido de despegue inferior al habitual. ***Sigue en la* página *147***

Opción 3: La extensión de Flaps aumenta la superficie alar lo que incrementa la sustentación y permite que el avión se eleve a menor velocidad, despegando en una menor distancia de pista. ***Sigue en la* página *133***

Hagamos un "STOP"!

Respuesta Incorrecta! Este es tu primer error pero el examen recién comienza. Recuerda que el máximo permitido es de dos errores y al tercero finalizaremos, por lo que tendrás que esforzarte en el resto de las maniobras para poder aprobar y obtener tu licencia.

Imaginemos el escenario mas adverso. Imaginemos que nos encontramos a 100FT de altura y por alguna razón, debemos realizar una aproximación frustrada.

Lo primero que debemos obtener es la potencia máxima del motor para poder elevarnos cuanto antes. Luego de lograr una separación con el terreno, podríamos considerar los otros puntos, como iniciar un viraje, comenzar la retracción de Flaps, entre otras tareas, pero siempre lo primero será accionar toda la potencia, mantener las alas niveladas y ganar altura cuanto antes.

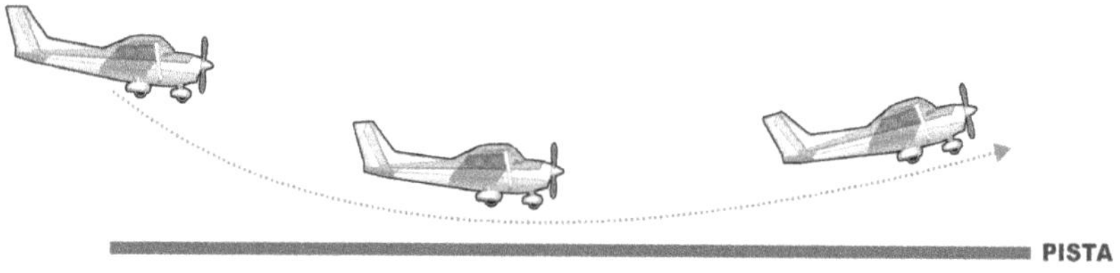

De todos modos, que esto nos sirva de lección! Ahora continuemos con tu examen. **Sigue en la página 121**

Hagamos un “STOP”!

Respuesta Incorrecta! Este es tu primer error pero el examen recién comienza. Recuerda que el máximo permitido es de dos errores y al tercero finalizaremos, por lo que tendrás que esforzarte en el resto de las maniobras para poder aprobar y obtener tu licencia.

Existen conceptos teóricos que pueden llevarte a que cometas un error pero que la situación seguramente no pase a una de mayor consideración. Pero también existen conceptos teóricos de vital importancia, ya que afectan directamente a la seguridad de las operaciones, y no solo al tuya. Este es uno de ellos. Recuerda que la famosa “Capa de Transición” es una capa imaginaria de 1000FT donde debe llevarse a cabo el reglase altimétrico correspondiente. Si volamos en ascenso pasamos de QNH a QNE, y si volamos en descenso, lo opuesto, pasamos de QNE a QNH. De esta manera todas las aeronaves volaran con el mismo reglaje altimétrico.

De todos modos, que esto nos sirva de lección! Ahora continuemos con tu examen. **Sigue en la página 158**

Respuesta Incorrecta!
Llevas 2 errores!

Lo siento! Tu respuesta ha sido incorrecta! Este es tu segundo error y aun no hemos llegado a la sexta maniobra. Has alcanzado el limite permitido.

No olvides que la capa de transición es un espacio aéreo de 1000FT destinado al reglaje altimétrico, pasando de niveles de vuelo a altitudes y viceversa. Debes tener bien claro este concepto, sino volarías con una información altimétrica errónea, lo que podría generar una colisión en vuelo.

Recuerda que los errores, por pequeños que sean, pueden desencadenar un accidente, generando daños irreversibles. Continuaremos a partir de aquí con dos errores, pero no te alarmes, si realizas correctamente todas las maniobras restantes, tu examen estará APROBADO! Así que, animo! y sigue adelante!

"Recuerda que llevas 2 errores y es el limite permitido"
Es tu última oportunidad. APROVECHALA!

Vuelve a la página 170

Excelente Respuesta!

"Llevas 1 error!

Veo que tienes claro el concepto anterior! Despeguemos y ascendamos a 2000FT. Volaremos directo al aeropuerto internacional de nuestra ciudad. Para ello debemos iniciar una comunicación radial con la torre de control. En esta comunicación inicial existe una estructura y un contenido que, si o si, debemos respetar. El orden del contenido es de suma importancia. La estructura debe contener lo siguiente:

Opción 1: Identificación de la matricula, tipo de aeronave, procedencia y altitud, intenciones futuras y otros datos relevantes para el vuelo. ***Sigue en la página 162***

Opción 2: Tipo de aeronave y matricula, intenciones de vuelo, altitud y procedencia. ***Sigue en la página 157***

Opción 3: Procedencia, matricula, tipo de aeronave, autonomía, intenciones de vuelo y cualquier otro dato que el piloto considere relevante para la seguridad aérea. ***Sigue en la página 133***

Excelente Respuesta!

Veo que tienes claro el concepto anterior! Despeguemos y ascendamos a 2000FT. Volaremos directo al aeropuerto internacional de nuestra ciudad. Para ello debemos iniciar una comunicación radial con la torre de control. En esta comunicación inicial existe una estructura y un contenido que, si o si, debemos respetar. El orden del contenido es de suma importancia. La estructura debe contener lo siguiente:

Opción 1: Identificación de la matricula, tipo de aeronave, procedencia y altitud, intenciones futuras y otros datos relevantes para el vuelo. ***Sigue en la página 154***

Opción 2: Tipo de aeronave y matricula, intenciones de vuelo, altitud y procedencia. ***Sigue en la página 152***

Opción 3: Procedencia, matricula, tipo de aeronave, autonomía, intenciones de vuelo y cualquier otro dato que el piloto considere relevante para la seguridad aérea. ***Sigue en la página 141***

Hagamos un "STOP"!

Respuesta Incorrecta! Este es tu primer error pero el examen recién comienza. Recuerda que el máximo permitido es de dos errores y al tercero finalizaremos, por lo que tendrás que esforzarte en el resto de las maniobras para poder aprobar y obtener tu licencia.

No te alarmes, seguimos adelante. Hemos aterrizado en la pista 04 luego de realizar una exitosa aproximación de 180°. Vamos a liberar la pista, a tomar la primera calle de rodaje y a volver al punto de espera de la pista 04 para un nuevo despegue.

Recuerda que un RTO es un procedimiento de emergencia y debe ser cumplido de principio a fin. El mismo inicia al momento de tomar la decisión, sea cual sea la causa, de abortar el despegue. De allí, se debe reducir toda la potencia, mantener el eje de pista y frenar el avión en su totalidad para luego evaluar lo sucedido.

Como toda situacion de emergencia, tendrás prioridad de operación en la pista, y las demás aeronaves deberá, aguardar a que tu trabajo haya finalizado.

De todos modos, que esto nos sirva de lección! Ahora continuemos con tu examen. **Sigue en la página 143**

Excelente Respuesta!

“Llevas 2 errores!

Veo que tienes claro el concepto anterior! Despeguemos y ascendamos a 2000FT. Volaremos directo al aeropuerto internacional de nuestra ciudad. Para ello debemos iniciar una comunicación radial con la torre de control. En esta comunicación inicial existe una estructura y un contenido que, si o si, debemos respetar. El orden del contenido es de suma importancia. La estructura debe contener lo siguiente:

Opción 1: Identificación de la matricula, tipo de aeronave, procedencia y altitud, intenciones futuras y otros datos relevantes para el vuelo. ***Sigue en la pagina 159***

Opción 2: Tipo de aeronave y matricula, intenciones de vuelo, altitud y procedencia. ***Sigue en la pagina 111***

Opción 3: Procedencia, matricula, tipo de aeronave, autonomía, intenciones de vuelo y cualquier otro dato que el piloto considere relevante para la seguridad aérea. ***Sigue en la pagina 125***

Bien Hecho!

"Llevas 2 Errores"

La maniobra de RTO es de extrema importancia para la seguridad de todos. Luego de liberar la pista 04, vamos a iniciar otro rodaje pero a una pista diferente, despegaremos de la pista 13.

Ten cuidado! Esta pista se encuentra en muy malas condiciones, por lo que debemos realizar un despegue en campo corto. Recuerdas esta maniobra? Repasemos juntos su desarrollo. Debemos extender los Flaps. Manteniendo los frenos aplicados, accionamos toda la potencia, liberamos los frenos e iniciamos la carrera de despegue. Mi pregunta es la siguiente: esta maniobra se realiza con Flaps extendidos en todos los casos, recuerdas por que?

Opción 1: La extensión de Flaps aumenta la sustentación y permite elevarse a menor distancia de recorrido durante la carrera de despegue. ***Sigue en la pagina 111***

Opción 2: La extensión de Flaps retrasa la velocidad de perdida por lo que el avión puede sustentar a menor velocidad y elevarse anticipadamente con un recorrido de despegue inferior al habitual. ***Sigue en la pagina 150***

Opción 3: La extensión de Flaps aumenta la superficie alar lo que incrementa la sustentación y permite que el avión se eleve a menor velocidad, despegando en una menor distancia de pista. ***Sigue en la pagina 125***

Hagamos un "STOP"!

Respuesta Incorrecta! Este es tu primer error pero el examen recién comienza. Recuerda que el máximo permitido es de dos errores y al tercero finalizaremos, por lo que tendrás que esforzarte en el resto de las maniobras para poder aprobar y obtener tu licencia.

Recuerda que si debes cambiar de posición (ingresar por otra posición en este caso), primeramente debes analizar cuantos radiales te separan de la nueva posición, Si la respuesta es menos de 90 radiales, debes realizar un determinado procedimiento. Si la respuesta es justo 90 radiales, debes realizar otro procedimiento. Y si la respuesta es mas de 90 radiales, debes realizar otro procedimientos diferente. ***Repasa los conceptos teóricos. En el examen de Piloto Comercial será de VITAL IMPORTANCIA!***

De todos modos, que esto nos sirva de lección! Ahora continuemos con tu examen. **Sigue en la pagina 171**

Gran Trabajo hasta Aquí!

“Llevas 2 errores!

Vienes muy bien hasta aquí. Hemos superado 18 maniobras y sin errores, ya falta poco y terminaremos tu examen. Continuemos el vuelo. La torre de control nos informa que el QNH ha cambiado a 1004 Hpa y solicita que ascendamos hasta los 5000FT. ***Ten cuidado!*** La altitud de transición está a 3000FT. Cuéntame cuales son los pasos a seguir para poder cumplir con la instrucción del controlador aéreo...

Opción 1: Iniciar el ascenso hasta 5000FT, al atravesar los 4000FT (nivel de transición), cambiar el QNH a 1013 Hpa y continuar el ascenso hasta alcanzar 5000FT. ***Sigue en la pagina 150***

Opción 2: Iniciar el ascenso hasta 5000FT, luego de atravesar los 3000FT, cambiar el QNH a 1013 Hpa y continuar el ascenso hasta alcanzar nivel de vuelo 050. ***Sigue en la pagina 170***

Opción 3: Iniciar el ascenso hasta 5000FT, luego de atravesar los 3000FT (altitud de transición), cambiar el QNH a 1004 Hpa y continuar el ascenso hasta alcanzar la altitud deseada de 5000FT. ***Sigue en la pagina 111***

Excelente!

Muy bien, continuemos. La comunicación radial con la torre de control ya esta establecida. Ahora bien, imagina que actualmente estamos volando hacia el aeropuerto ingresando por el radial 150 y a causa del efecto del viento, el rumbo actual es 300°. Por expresas indicaciones del control de transito aéreo, debemos abandonar el radial 150 e ingresar por el radial 090, para ello debemos:

Opción 1: Virar por izquierda a rumbo 360° y al llegar al radial 090, virar hacia la derecha al rumbo 270°, continuando el vuelo hacia el aeropuerto. ***Sigue en la pagina 148***

Opción 2: Realizar un viraje por izquierda o derecha a rumbo 360° y al llegar al radial 090, virar hacia el rumbo 090°, continuando el vuelo hacia el aeropuerto. ***Sigue en la pagina 152***

Opción 3: Realizar un viraje por derecha a rumbo 360° y al llegar al radial 090, virar hacia la izquierda al rumbo 270°, continuando el vuelo hacia el aeropuerto. ***Sigue en la pagina 165***

Excelente Respuesta!

Así se hace! Creo que no hay mucho mas para evaluar, tienes los conocimientos necesarios para obtener tu licencia. Hagamos una ultima maniobra para terminar. Continuamos en nivel de vuelo 050, descendamos y realizamos una aproximación de 360° para aterrizar en la pista 13 del aeropuerto. Si logras hacer esta maniobra correctamente, habremos finalizado tu examen!

Así que ADELANTE! Muéstrame como se realiza esta maniobra paso a paso:

Opción 1: La maniobra inicia sobrevolando el inicio de la pista 13 con rumbo 310° a 1000Ft de altura. Luego reducimos la potencia y viramos hacia un lado con un descenso continuo hasta la final de la pista 13.. ***Sigue en la pagina 164***

Opción 2: La maniobra inicia sobrevolando el inicio de la pista 13 a la altitud que describa el circuito de transito. Luego reducimos la potencia y viramos hacia un lado con un descenso continuo hasta la final de la pista 13.***Sigue en la pagina 163***

Opción 3: La maniobra inicia sobrevolando el inicio de la pista 13 con rumbo 130° a 1000Ft de altura. Luego reducimos la potencia y viramos hacia un lado con un descenso continuo hasta la final de la pista 13. ***Sigue en la pagina 171***

Respuesta Incorrecta!
Llevas 2 errores!

Lo siento! Tu respuesta ha sido incorrecta! Este es tu segundo error y aun no hemos llegado a la sexta maniobra. Has alcanzado el limite permitido.

Los procedimientos radioeléctricos son una parte fundamental de tu carrera. Su mala interpretación podrían causar incidentes dentro de un espacio aéreo congestionado. Deberás dominar estas técnicas para lograr convertirte en un piloto profesional! No lo olvides, son una parte fundamental de tu carrera!

Recuerda que los errores, por pequeños que sean, pueden desencadenar un accidente, generando daños irreversibles. Continuaremos a partir de aquí con dos errores, pero no te alarmes, si realizas correctamente todas las maniobras restantes, tu examen estará APROBADO! Así que, animo! y sigue adelante!

"Recuerda que llevas 2 errores y es el limite permitido"
Es tu última oportunidad. APROVECHALA!

Vuelve a la pagina 152

Respuesta Incorrecta!
Llevas 2 errores!

Lo siento! Tu respuesta ha sido incorrecta! Este es tu segundo error y aun no hemos llegado a la sexta maniobra. Has alcanzado el limite permitido.

Las estadísticas mencionan que gran parte de los accidentes en aeronaves de ligero porte, se debe a una mala interpretación de las instrucciones por parte del control. Una correcta comunicación te ayudará a reducir el margen de error, operando el vuelo de forma mas segura, asistido por el ATC.

Recuerda que los errores, por pequeños que sean, pueden desencadenar un accidente, generando daños irreversibles. Continuaremos a partir de aquí con dos errores, pero no te alarmes, si realizas correctamente todas las maniobras restantes, tu examen estará APROBADO! Así que, animo! y sigue adelante!

"Recuerda que llevas 2 errores y es el limite permitido"
Es tu última oportunidad. APROVECHALA!

Vuelve a la pagina 159

Excelente Respuesta!

"Llevas 1 error"

Así se hace! Creo que no hay mucho mas para evaluar, tienes los conocimientos necesarios para obtener tu licencia. Hagamos una ultima maniobra para terminar. Continuamos en nivel de vuelo 050, descendamos y realizamos una aproximación de 360° para aterrizar en la pista 13 del aeropuerto. Si logras hacer esta maniobra correctamente, habremos finalizado tu examen!

Así que ADELANTE! Muéstrame como se realiza esta maniobra paso a paso:

Opción 1: La maniobra inicia sobrevolando el inicio de la pista 13 con rumbo 310° a 1000Ft de altura. Luego reducimos la potencia y viramos hacia un lado con un descenso continuo hasta la final de la pista 13.. ***Sigue en la pagina 162***

Opción 2: La maniobra inicia sobrevolando el inicio de la pista 13 a la altitud que describa el circuito de transito. Luego reducimos la potencia y viramos hacia un lado con un descenso continuo hasta la final de la pista 13.***Sigue en la pagina 167***

Opción 3: La maniobra inicia sobrevolando el inicio de la pista 13 con rumbo 130° a 1000Ft de altura. Luego reducimos la potencia y viramos hacia un lado con un descenso continuo hasta la final de la pista 13. ***Sigue en la pagina 169***

Excelente!

"Llevas 2 errores"

Muy bien, continuemos. La comunicación radial con la torre de control ya esta establecida. Ahora bien, imagina que actualmente estamos volando hacia el aeropuerto ingresando por el radial 150 y a causa del efecto del viento, el rumbo actual es 300°. Por expresas indicaciones del control de transito aéreo, debemos abandonar el radial 150 e ingresar por el radial 090, para ello debemos:

Opción 1: Virar por izquierda a rumbo 360° y al llegar al radial 090, virar hacia la derecha al rumbo 270°, continuando el vuelo hacia el aeropuerto. ***Sigue en la pagina 151***

Opción 2: Realizar un viraje por izquierda o derecha a rumbo 360° y al llegar al radial 090, virar hacia el rumbo 090°, continuando el vuelo hacia el aeropuerto. ***Sigue en la pagina 111***

Opción 3: Realizar un viraje por derecha a rumbo 360° y al llegar al radial 090, virar hacia la izquierda al rumbo 270°, continuando el vuelo hacia el aeropuerto. ***Sigue en la pagina 153***

Bien Hecho!

La maniobra de RTO es de extrema importancia para la seguridad de todos. Luego de liberar la pista 04, vamos a iniciar otro rodaje pero a una pista diferente, despegaremos de la pista 13.

Ten cuidado! Esta pista se encuentra en muy malas condiciones, por lo que debemos realizar un despegue en campo corto. Recuerdas esta maniobra? Repasemos juntos su desarrollo. Debemos extender los Flaps. Manteniendo los frenos aplicados, accionamos toda la potencia, liberamos los frenos e iniciamos la carrera de despegue. Mi pregunta es la siguiente: esta maniobra se realiza con Flaps extendidos en todos los casos, recuerdas por que?

Opción 1: La extensión de Flaps aumenta la sustentación y permite elevarse a menor distancia de recorrido durante la carrera de despegue. ***Sigue en la pagina 141***

Opción 2: La extensión de Flaps retrasa la velocidad de perdida por lo que el avión puede sustentar a menor velocidad y elevarse anticipadamente con un recorrido de despegue inferior al habitual. ***Sigue en la pagina142***

Opción 3: La extensión de Flaps aumenta la superficie alar lo que incrementa la sustentación y permite que el avión se eleve a menor velocidad, despegando en una menor distancia de pista. ***Sigue en la pagina 148***

Excelente!

“Llevas 2 Errores”

Hemos aterrizado en la pista 04 luego de realizar una exitosa aproximación de 180°. Vamos a liberar la pista, a tomar la primera calle de rodaje y a volver al punto de espera de la pista 04 para un nuevo despegue. Ingresamos a la pista 04, alineamos la aeronave con rumbo 040° y luego de accionar toda la potencia, iniciamos la carrera de despegue, pero durante la misma, el velocímetro se detiene y decidimos realizar un RTO (rejected take off), para esto debemos:

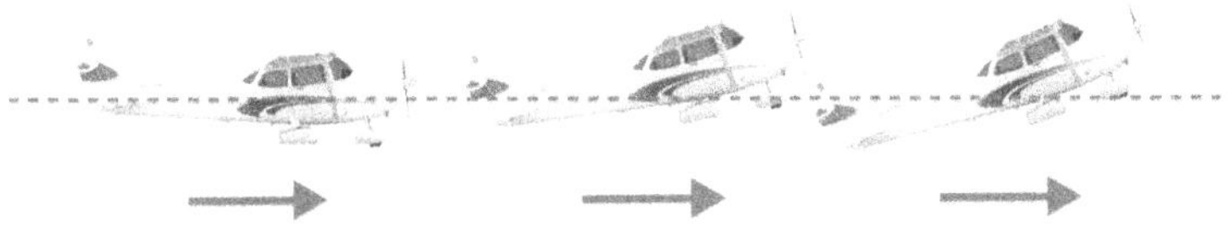

Opción 1: Recudir la potencia, mantener el rodaje sobre el centro de la pista y frenar el avión por completo. Liberar la pista para luego evaluar lo sucedido. ***Sigue en la pagina 151***

Opción 2: Desacelerar el avión hasta una velocidad adecuada para rodar, volver a la plataforma y evaluar lo sucedido. ***Sigue en la pagina 111***

Opción 3: Sin pista remanente, continuamos con el despegue normalmente, con la salvedad de que vamos a incorporarnos al circuito de transito para un aterrizaje de inmediato con el fin de evaluar la causa de la falla. ***Sigue en la pagina 128***

Excelente!

"Llevas 1 error"

Muy bien, continuemos. La comunicación radial con la torre de control ya esta establecida. Ahora bien, imagina que actualmente estamos volando hacia el aeropuerto ingresando por el radial 150 y a causa del efecto del viento, el rumbo actual es 300°. Por expresas indicaciones del control de transito aéreo, debemos abandonar el radial 150 e ingresar por el radial 090, para ello debemos:

Opción 1: Virar por izquierda a rumbo 360° y al llegar al radial 090, virar hacia la derecha al rumbo 270°, continuando el vuelo hacia el aeropuerto. ***Sigue en la pagina 143***

Opción 2: Realizar un viraje por izquierda o derecha a rumbo 360° y al llegar al radial 090, virar hacia el rumbo 090°, continuando el vuelo hacia el aeropuerto. ***Sigue en la pagina 156***

Opción 3: Realizar un viraje por derecha a rumbo 360° y al llegar al radial 090, virar hacia la izquierda al rumbo 270°, continuando el vuelo hacia el aeropuerto. ***Sigue en la pagina 171***

Hagamos un “STOP”!

Respuesta Incorrecta! Este es tu primer error. Lamentablemente esta era nuestra ultima maniobra y con este error debemos bajar el promedio de puntuación.

Recuerda que la aproximación de 360°, consiste en realizar un giro completo en descenso desde los 1000 FT hasta el aterrizaje, iniciando justo sobre la numeración de la pista en uso. Al igual que la aproximación de 180°, estas maniobras buscan la practica de el vuelo en planeo ante situaciones anormales, como ser un descenso desde 1000FT hasta cero y en un giro de 360°.

De todos modos no te alarmes. Has tenido un gran desempeño a lo largo de todo el examen. Ahora volvamos al aeródromo y aterricemos para finalizar tu examen. No olvides que el estudio y la practica hacen a la excelencia de todo piloto y debes ser consciente que has elegido una carrera que exige perfeccionamiento continuo a lo largo de toda tu vida.

Volvamos y finalicemos el trabajo.

Sigue en la pagina 170

Excelente!

Bien hecho. Hemos aterrizado en la pista 04 luego de realizar una exitosa aproximación de 180°. Vamos a liberar la pista, a tomar la primera calle de rodaje y a volver al punto de espera de la pista 04 para un nuevo despegue. Ingresamos a la pista 04, alineamos la aeronave con rumbo 040° y luego de accionar toda la potencia, iniciamos la carrera de despegue, pero durante la misma, el velocímetro se detiene y decidimos realizar un RTO (rejected take off), para esto debemos:

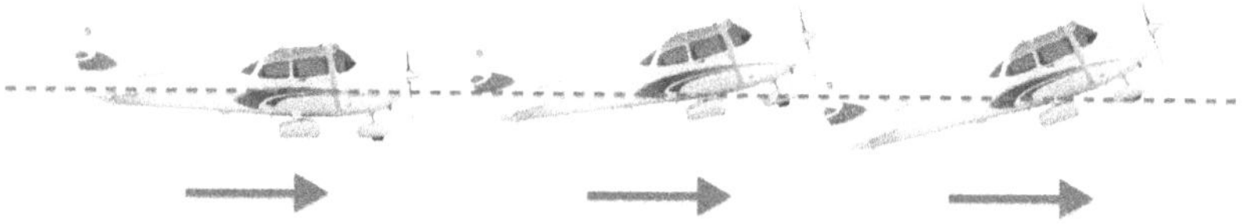

Opción 1: Recudir la potencia, mantener el rodaje sobre el centro de la pista y frenar el avión por completo. Liberar la pista para luego evaluar lo sucedido. ***Sigue en la pagina 160***

Opción 2: Desacelerar el avión hasta una velocidad adecuada para rodar, volver a la plataforma y evaluar lo sucedido. ***Sigue en la pagina 100***

Opción 3: Sin pista remanente, continuamos con el despegue normalmente, con la salvedad de que vamos a incorporarnos al circuito de transito para un aterrizaje de inmediato con el fin de evaluar la causa de la falla. ***Sigue en la pagina 149***

Gran Trabajo hasta Aquí!

Vienes muy bien hasta aquí. Hemos superado 18 maniobras y sin errores, ya falta poco y terminaremos tu examen. Continuemos el vuelo. La torre de control nos informa que el QNH ha cambiado a 1004 Hpa y solicita que ascendamos hasta los 5000FT.

Ten cuidado! La altitud de transición está a 3000FT. Cuéntame cuales son los pasos a seguir para poder cumplir con la instrucción del controlador aéreo...

Opción 1: Iniciar el ascenso hasta 5000FT, al atravesar los 4000FT (nivel de transición), cambiar el QNH a 1013 Hpa y continuar el ascenso hasta alcanzar 5000FT. ***Sigue en la pagina 148***

Opción 2: Iniciar el ascenso hasta 5000FT, luego de atravesar los 3000FT, cambiar el QNH a 1013 Hpa y continuar el ascenso hasta alcanzar nivel de vuelo 050. ***Sigue en la pagina 155***

Opción 3: Iniciar el ascenso hasta 5000FT, luego de atravesar los 3000FT (altitud de transición), cambiar el QNH a 1004 Hpa y continuar el ascenso hasta alcanzar la altitud deseada de 5000FT. ***Sigue en la pagina 145***

Hagamos un “STOP”!

Respuesta Incorrecta! Este es tu primer error pero el examen recién comienza. Recuerda que el máximo permitido es de dos errores y al tercero finalizaremos, por lo que tendrás que esforzarte en el resto de las maniobras para poder aprobar y obtener tu licencia.

Recuerda! Una incorrecta fraseología en tus comunicaciones puede generar un mal entendido en el control de transito aéreo, lo cual podría desencadenar una serie de eventos que implican un riesgo para la seguridad. Haremos hincapié en tus comunicaciones a lo largo de todo este libro, ya que son de vital importancia para todos, para ti como piloto al mando, para el controlador de transito aéreo e incluso para las demás aeronaves que sobrevuelen cerca de ti. Si desconoces algún termino en particular, o simplemente no sabes como comunicar una determinada acción, solicita ayuda al controlador de transito, él esta para hacer de nuestros vuelos, una experiencia segura y confortable.

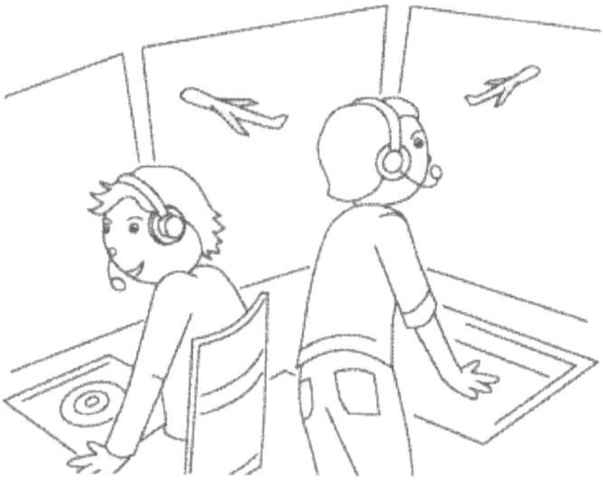

De todos modos, que esto nos sirva de lección! Ahora continuemos con tu examen. **Sigue en la pagina 162**

Respuesta Incorrecta!

Respuesta Incorrecta Nuevamente! Este es tu segundo error. Lamentablemente esta era nuestra ultima maniobra y con este error debemos bajar el promedio de puntuación.

o completo en descenso desde los 1000 FT hasta el aterrizaje, iniciando justo sobre la numeración de la pista en uso. Al igual que la aproximación de 180°, estas maniobras buscan la practica de el vuelo en planeo ante situaciones anormales, como ser un descenso desde 1000FT hasta cero y en un giro de 360°.

De todos modos no te alarmes. Has tenido un gran desempeño a lo largo de todo el examen. Ahora volvamos al aeródromo y aterricemos para finalizar tu examen. No olvides que el estudio y la practica hacen a la excelencia de todo piloto y debes ser consciente que has elegido una carrera que exige perfeccionamiento continuo a lo largo de toda tu vida.

Volvamos y finalicemos el trabajo.

Sigue en la pagina 172

Gran Trabajo hasta Aquí!

"Llevas 1 error!

Vienes muy bien hasta aquí. Hemos superado 18 maniobras y sin errores, ya falta poco y terminaremos tu examen. Continuemos el vuelo. La torre de control nos informa que el QNH ha cambiado a 1004 Hpa y solicita que ascendamos hasta los 5000FT.

Ten cuidado! La altitud de transición está a 3000FT. Cuéntame cuales son los pasos a seguir para poder cumplir con la instrucción del controlador aéreo...

Opción 1: Iniciar el ascenso hasta 5000FT, al atravesar los 4000FT (nivel de transición), cambiar el QNH a 1013 Hpa y continuar el ascenso hasta alcanzar 5000FT. ***Sigue en la pagina 146***

Opción 2: Iniciar el ascenso hasta 5000FT, luego de atravesar los 3000FT, cambiar el QNH a 1013 Hpa y continuar el ascenso hasta alcanzar nivel de vuelo 050. ***Sigue en la pagina 158***

Opción 3: Iniciar el ascenso hasta 5000FT, luego de atravesar los 3000FT (altitud de transición), cambiar el QNH a 1004 Hpa y continuar el ascenso hasta alcanzar la altitud deseada de 5000FT. ***Sigue en la pagina 162***

Excelente Respuesta!

“Llevas 2 errores”

Así se hace! Creo que no hay mucho mas para evaluar, tienes los conocimientos necesarios para obtener tu licencia. Hagamos una ultima maniobra para terminar. Continuamos en nivel de vuelo 050, descendamos y realizamos una aproximación de 360° para aterrizar en la pista 13 del aeropuerto. Si logras hacer esta maniobra correctamente, habremos finalizado tu examen!

Así que ADELANTE! Muéstrame como se realiza esta maniobra paso a paso:

Opción 1: La maniobra inicia sobrevolando el inicio de la pista 13 con rumbo 310° a 1000Ft de altura. Luego reducimos la potencia y viramos hacia un lado con un descenso continuo hasta la final de la pista 13.. ***Sigue en la pagina 111***

Opción 2: La maniobra inicia sobrevolando el inicio de la pista 13 a la altitud que describa el circuito de transito. Luego reducimos la potencia y viramos hacia un lado con un descenso continuo hasta la final de la pista 13.***Sigue en la pagina 172***

Opción 3: La maniobra inicia sobrevolando el inicio de la pista 13 con rumbo 130° a 1000Ft de altura. Luego reducimos la potencia y viramos hacia un lado con un descenso continuo hasta la final de la pista 13. ***Sigue en la pagina 150***

FELICITACIONES Colega!

Tu examen ha finalizado con éxito. Has logrado llegar al final y habiendo cometido un solo error, lo cual es un buen promedio. Sin dudas, llevar adelante un examen requiere de un cierto manejo de la presión, y tú has logrado superarlo. Será un verdadero honor compartir cabina si es que la aviación nos vuelve a cruzar. Aquí te entrego tu diploma de **Piloto Privado de Avión**. Se que lo portarás con orgullo y respeto a nuestra hermosa profesión. Recuerda que el estudio constante hace a cada piloto, cada día mejor!

Buena Suerte! ***Capt. Thómas!***

FELICITACIONES Colega!

Tu examen ha finalizado con gran éxito. Has logrado llegar al final y sin cometer errores, lo cual merece mi total reconocimiento a tu esfuerzo y capacidad como Piloto al mando. Será un verdadero honor compartir cabina si es que la aviación nos vuelve a cruzar. Aquí te entrego tu diploma de **Piloto Privado de Avión**. Se que lo portarás con orgullo y respeto a nuestra hermosa profesión. Recuerda que el estudio constante hace a cada piloto, cada día mejor!

Buena Suerte! ***Capt. Thómas!***

FELICITACIONES Colega!

Tu examen ha finalizado con éxito. Has logrado llegar al final y habiendo cometido dos errores, lo cual es un buen promedio. Sin dudas, llevar adelante un examen requiere de un cierto manejo de la presión, y tú has logrado superarlo. Será un verdadero honor compartir cabina si es que la aviación nos vuelve a cruzar. Aquí te entrego tu diploma de **Piloto Privado de Avión**. Se que lo portarás con orgullo y respeto a nuestra hermosa profesión. Recuerda que el estudio constante hace a cada piloto, cada día mejor!

Buena Suerte! ***Capt. Thómas!***

www.ingramcontent.com/pod-product-compliance
Lightning Source LLC
LaVergne TN
LVHW022245071026
849848LV00059B/2292
* 9 7 9 8 2 5 6 2 8 6 0 2 6 *